モノに心はあるのか

動物行動学から考える「世界の仕組み」

森山徹

新潮選書

まえがき

ランボルギーニ・カウンタックとオオアリクイ。幼少の頃、前者はスーパーカーのショーで、後者は動物園でそれぞれ出会って以来、私はそれらの放つ強烈な異様さを決して忘れることができません。今でも、ごくごくたまに駐車されているカウンタックを目撃してしまうと、その場で呆然と立ち尽くしてしまいます。また、動物園へ行けば必ず、まず、オオアリクイがいるかどうかを確かめます。それらは車や動物でありながら、（私の頭の中では）明らかにその範疇に収まりません。また、他のどの範疇にも受け入れてもらえません。すなわち、どこへ置いても、「収まりが悪い」のです。そういった収まりの悪い存在を、私たちは「特異なもの」と呼ぶのでしょう。

特異なものは、要するに、はみ出しものです。ただ、はみ出しものは、多くはなくても、ある程度の数の人々の注目を集めます。それは、この特異なものに接し、つい何かを考えたり、想像したりせずにはいられない、特殊な人々です。私は、カウンタックやオオアリクイから目が離せなくなる、特殊な人間の一人というわけです。これら特異なものたちに接すると、私には、マシンと生きものの区別が曖昧になり、生きることとただ存在することが同義と感じられ、そして、いつの間にか、世界のどこへでも分け入ろう、世界のどこへでも流されようという冒険心が生まれてくるのです。

本書で私は、世界、言葉、そして心とは何かという問いを、前著『ダンゴムシに心はあるのか』（ＰＨＰサイエンス・ワールド新書）、『オオグソクムシの謎』（ＰＨＰ研究所）を経て得た新たなモノゴトの見方を通し、じっくり考察してみました。こうした問いについては、ギリシャ哲学以来、文系のフィールドでは、いろいろな研究・議論がなされていると思います。私は、比較心理学、動物行動学という理系研究者としての興味から、そして、特異なものたちに駆り立てられた冒険心から、独自にこの問いにアプローチしてみました。

本書が、みなさん、中でも特に、自分の外側に世界があるというありきたりの感覚に違和感を覚える方、言葉の意味を大事にしすぎるあまり他人とのコミュニケーションを苦手とする方、そして、モノに心があると感じてしまうことにためらいを覚える科学者の方々にとって、特異な存在になることを、望んでいます。

モノに心はあるのか　動物行動学から考える「世界の仕組み」　目次

モノに心はあるのか

動物行動学から考える「世界の仕組み」

序　章　世界と私たちの関係

みなさんは、自分が暮らしているこの世界について、理由もなく、ふと疑問を抱いたことはありませんか。例えば、「自分が眠っているとき、この世界は存在しているのだろうか」と考えてしまうことはないでしょうか。このような疑問は、みなさんが、普段から自分と世界との関係をなんとなく気にしているからこそ、湧いてくるのだと思います。

本書において、私は、「自分は世界とどのように関わっているのか。そして、世界とどのように関わっていけばよいのか」という、誰もが日常の中で、ふと考える疑問に取り組んでみようと思います。

ところで、ここまで当たり前のように書いてきた「世界」とは何でしょうか。それは、私たちが認識し、また、想像しうるあらゆる物事（以下、「モノゴト」と表記します）の集まりです。思い切って、「宇宙全体」と言ってもよいでしょう。

世界は、無数のモノゴトが集まり、互いに関係性をもつことで、無限の大きさ、そして無限の複雑さをもっています。このような複雑な世界の中で、私たちは日々、モノゴトと関わりをもち、そして多くの場合、うまくやっているのです。

ただ、もちろん、問題が生じることもあります。「どうして彼は私の考えをわかってくれないのか」「なぜ彼女はあんなことをするのか」「どうして自然は私たちに牙をむくのか」「なぜあのとき愛用のパソコンは止まってしまったのか」等々。みなさんもきっと、このように悩んだことがあるでしょう。

私たちは、モノゴトとの間に不条理な問題が生じると、それらに「窺い知れなさ」を感じます。この「窺い知れなさ」は、私たちがモノゴトとどんなにうまく付き合っていても、必ず、そして突如、顔を出します。モノゴトは、「窺い知れなさ」を生み出す、無限に深い闇を備えているのです。

以上のように、世界は、無数のモノゴトが作る無限の大きさ、無限の複雑さという「量的な無限」と、モノゴトそれ自体が備える無限に深い闇という「質的な無限」をもつのです。そして、私たちは、そのような複雑怪奇、正体不明としか言いようのない世界と常に触れ合っているのです。ですから、私たちが、ふとした瞬間に、「私はこの世界とどのように関わっているのか。そして、この世界とどのように関わっていけばよいのか」と考えてしまうのは、無理もないことなのです。

さて、そうは言っても、私たちはこの複雑怪奇、正体不明な相手と関わり続けていかなくてはなりません。そのためには、それなりの道具、あるいは装備が必要でしょう。それが、「言葉」と「心」なのです。

私たちは、モノゴトを言葉で表現し、理解しようとします。また、言葉を用いて他人と、時には動物ともコミュニケーションを図ります。そして心は、私たちが世界の中を渡っていくときの羅針盤です。ここで言う心とは、私が前著、『オオグソクムシの謎』の中で定義した、「隠れた活動体」です。この「隠れた活動体」とは、第三章で説明しますが、直感的には、私たちの内側に潜む「もう一人の私」です。この「もう一人の私」が、意識が捉えきれない、私たちを取り巻く複雑怪奇、正体不明なモノゴトを察知し、私たちを、状況に応じてうまく振舞うよう、導いてくれるのです。また、未知の状況に遭遇しても、新奇な行動を生み出し、私たちを救ってくれます。

このように、世界と関わり続ける私たちにとって、なくてはならない「言葉」と「心」とは何か。また、「言葉」と「心」が紡ぐ、私たちと世界との関係とはどのようなものか。これらについては、第二章、そして第三章で詳しく述べようと思います。

ところで、「言葉」や「心」が私たちにとって意味あるものとなるには、大変重要な前提があります。それは、「世界が私たちの外側に、確かに存在している」ということです。

先ほど述べた通り、「言葉」は、私たちの意識が捉えるモノゴトを表現します。「心」は、意識が捉えきれないモノゴトを察知します。「言葉」と「心」のこのような働きは、モノゴトが存在していてこそ、意味を成します。

　みなさんの多くは、世界が私たちの外側に存在するのは当たり前だと考えていると思います。ただ、そう考えるみなさんも、十歳前後の少年少女の頃、「自分は一生覚めない夢を見ていて、実は、自分の外側に世界などないのではないだろうか」という疑問を抱いたことがあるのではないでしょうか。そして、夜、布団に入ってこの疑問を考え出すと、何十分も、時には何時間も、眠れなくなったのではないでしょうか。

　とはいえ、多くの人は、答えを得られないまま、それを気にすることもなく成長し、やがてはこの疑問自体を忘れてしまったことでしょう。一方、大人になってもこの疑問がしばしば頭の中に浮かぶ人もいるでしょう。

　第一章では、「私は一生覚めない夢を見ていて、私の外側に世界などないのではないか」という疑問に思いを巡らせ、「私は覚めない夢を見ているのではない」、すなわち、「世界は確かに私たちの外側にあり、その中で私たちは自由に行動を決定する」という結論へ至る過程を述べます。また、私たちが行動を自由に決定する仕組みとして、「家族的行動決定機構」という概念を提案します。

では、そろそろ本題へ進みたいと思います。本書をきっかけに、読者のみなさんが、世界と私たちの「スリリングな関係」に気づき、そして、これまで以上に「エキサイティングな関係」を築いて下されば、幸いです。

第一章　世界とは何か

なぜ私はマグカップを手にしたのだろう

毎朝七時四〇分、私は大学の研究室へ到着します。靴を脱いで中へ入り、リュックを椅子へ置くと、まずはコーヒーを淹れる準備を始めます。豆はスターバックスの「スマトラ」と決まっています。そのスパイシーで重い風味が舌と鼻腔を刺激すると、脳細胞の一つ一つが、ふつふつと覚醒しはじめます。

マグカップへなみなみと注がれたスマトラをすすり、「さて、今日もやるか」と一人呟く私の脳裏に、「なぜ私はマグカップを手にしたのだろう」という疑問が浮かぶことがあります。読者の皆さんの中にも、同じような経験をした人がいるのではないでしょうか。

「コーヒーを飲みたかったからに決まってるでしょう」。読者のみなさんの多くは、そう言うかもしれません。もちろん、その通りです。私は確かに、コーヒーを飲みたかったのです。ただ、ここで考えたいのは、コーヒーを飲みたかったのは確かなのに、どうして「なぜ私はマグカップを手にしたのだろう」と自問したのか、ということです。

「森山さんはものすごく忘れっぽくて、マグカップを手にした瞬間、コーヒーを飲みたかったことを忘れたんじゃないの？」。みなさんの中には、このように思われる方がいらっしゃるかもしれません。しかし、そういう訳ではないと、まずは信じて下さい。「森山さんは変わり者なんだよ」と言う方もいらっしゃるかもしれません。しかし、やはりそういう訳ではないと、まずは信じて下さい。

その上で、みなさんに、次のように自問する人を想像していただきたいのです。その自問とは、「なぜ私は生きているのだろう？」です。この自問は、「なぜ私はマグカップを手にしたのだろう？」と、形式的には変わりません。しかし皆さんは、「なぜ私は生きているのだろう？」と自問する人に対し、「忘れっぽいあなたは、生きたいという欲求すら忘れたのではありませんか？」「あなたは変わり者なんですよ」と答えたりはしないでしょう。

「なぜ私は生きているのだろう？」「なぜ私はマグカップを手にしたのだろう？」。両者を深刻さの度合いで比べれば、確かに前者のほうが重いでしょう。答え方を吟味する時間も、前者の方が長いでしょう。しかし、どちらの疑問の背後にも人間がいること、すなわち、どちらも私たち人間から生み出されることを考慮すれば、これらの疑問を受ける側の構え方は、深刻さに関係なく、平等に用意されるべきでしょう。「相談があるのだけれど……」と言われた相手が大人であっても子供であっても、まずは真摯に耳を傾けるのが、人というものです。

では、このような問いを受けるとき、私たちはどのように構えればよいのでしょうか。それを知るには、自問というものが、そもそもどのように作られるのかを知るべきでしょう。以下では、「なぜ私はマグカップを手にしたのだろう?」という疑問がどのように作られるのかを、分析してみようと思います。

「たくさん」という「ひとつ」

お気に入りのコーヒーをすする私の脳裏に浮かぶ、「なぜ私はマグカップを手にしたのだろう?」という疑問。何度も言いますが、もちろん、私はコーヒーを飲みたかったのです。ただし「コーヒーを飲みたかった」とは、「私はそのときコーヒーを飲みたい**だけ**だった」ということを意味するのではありません。

「コーヒーを飲みたい」と思ったとき、私はコーヒーを飲みたかっただけでなく、例えば、仕事すること、ピアノを弾くこと、皿を洗うこと、といった、他の「余計なこと」も、無意識的に、そして同時にしたかったはずです。したがって、私がマグカップに手を伸ばしたときには、コーヒーを飲むこととは無関係な「複数の欲求」が、「ただ、コーヒーを飲みたい」という欲求と共に、「ひとつの欲求」を作っていたのです。

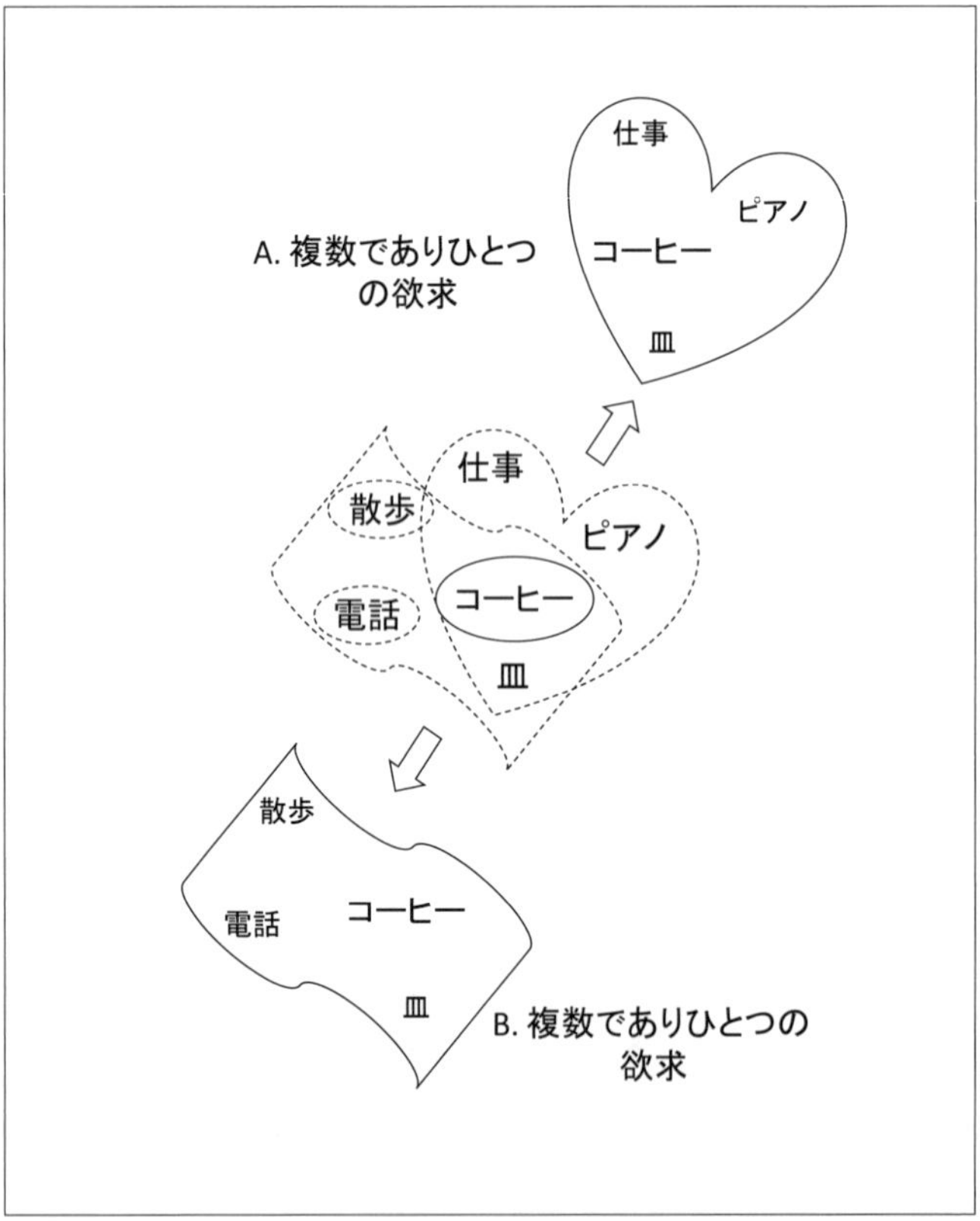

【図1】「ただ、コーヒーを飲みたい」という欲求（図中央の実線の楕円）が生じたとき、私は、仕事をすること、ピアノを弾くこと、皿を洗うことといった「余計なこと」を同時に欲していたかもしれません（図中央の点線のハート）。私がマグカップに手を伸ばすとき、「余計なこと」の欲求は抑えられ、「コーヒーを飲みたい」という「複数でありひとつ」の欲求が作られます（図のA）。仕事、ピアノに代わり、散歩したい、電話をかけたい、という欲求（点線の波四角）が生じれば、別の「複数でありひとつ」の欲求が作られます（B）。

このように、ひとつに思われる欲求は、正確には、「複数でありひとつ」の欲求なのです（【図1】）。「複数でありひとつ」とは、例えば、様々な色の粘土を集めてぐしゃっとひと塊にする、というのではなく、それぞれの色粘土は独立に、しかし全体として統一された塊を作る、といった感じです。

この「複数でありひとつ」をより直感的に理解するために、オリンピックの五輪マークを考えましょう。このマークは、「複数でありひとつ」を、見事に視覚的に表現しています（【図2】）。

【図2】　五輪マークを見ると、確かに輪を五個捉えることができます。そして同時に、全体としてひとつのマークと感じることができます。五輪マークは「複数でありひとつ」の好例なのです。

図ではモノクロになっていますが、五色の例の輪を頭に思い浮かべてください。五輪マークを見ると、確かに輪を五個捉えることができます。そして同時に、全体としてひとつのマークと感じることができます。一見すると、五個の輪が行儀よく並べられただけのマークと思えますが、その配置や配色は、決して無意味ではなく、試行錯誤と創意工夫の結果決められたに違いありません。

五個の輪（複数）と全体としてのマーク（ひと

つ）の両立は、五個の輪をうまく工夫して「調和」させることで達成されたはずです。この「調和」は、デザイナーの感性によって最終的にもたらされるのであって、（デザインや美術の基本的な理論はあるにしても）計算ずくの理論のみで達成されるわけではないでしょう。また、現在まで、五輪マークは世界の人々に受け入れられてきましたが、それは、デザイナーの感性と各時代の人々の感性が偶然マッチしてきただけであって、後者は今後、変わってしまう可能性がないとはいえません。すなわち、五輪マークは変更が迫られる可能性があるのです。

このように、理論だけでは実現不可能であり、また、世相に左右され得るという意味で、「調和」とは、実は「不確かな過程」なのです。そして、その「不確かな過程」の結果もたらされる「複数でありひとつ」のモノゴトは、「不確かな存在」と言えるでしょう。

実際に五輪マークを見ると、その「不確か」という存在の仕方をよく実感できます。私たちが意識を個々の輪へ向けてしまうと、マーク全体は一時捉えられなくなりますが、いつの間にかマーク全体も捉えている自分に気づきます。また、マーク全体に意識を向けると、輪の細部、例えば輪同士の連結部分などを一時捉えられなくなりますが、いつの間にか個々の輪も目で追っています。意識の焦点を曖昧にし、なんとなくぼんやりと眺めることで、五個の輪の集まりを「空間的に不確かな存在」とし、それによって、「五個の輪からなる、ひとつのマーク」として把握することができているのです。それが、個々の輪が「調和」し、一つのマークとなる、ということです。デザイナーは、多くの人々がこの調和を可能にするよう、輪を絶妙に配置したのでしょう。

コーヒーの話題へ戻りましょう。「コーヒーを飲みたい」という欲求は、五輪マーク全体、すなわち「不確かな存在」に相当し、これを構成する、仕事する、ピアノを弾く、皿を洗うといった「余計な欲求」、そして「ただ、コーヒーを飲みたいという欲求」はそれぞれ、五輪を構成する輪に相当します。

私は、マグカップへ手を伸ばすとき、「ただ、コーヒーを飲みたい」という欲求を最も強くもっています。また、他の複数の欲求も、もっています。私は、これらのどれにも注目することなく、どの欲求も許容し、全体を「調和」させ、「空間的に不確かな存在」として、「コーヒーを飲みたい」という「不確かな欲求」を形作るのです。

「ない」という「ある」

前節で解説した通り、「コーヒーを飲みたい」という欲求は「不確かな存在」でした。私は、「コーヒーを飲みたいとだけ欲していた」のではなく、それを、他に生じていた数ある余計な欲求と共に調和させ、一つの不確かな欲求を作りだしていたのです。

「そうは言うものの、その数ある欲求の中には、『ただ、コーヒーを飲みたい』という欲求も含まれていたはずだ。だから、『コーヒーを飲みたい』という欲求は不確かではなく、確かな『ただ、コーヒーを飲みたい』という欲求そのままなのではないか」と考える方もいるかもしれません。しかし、「ただ、コーヒーを飲みたい」という欲求を確定するのは、中々に難しいのです。「ただ、コーヒーを飲みたい」という欲求は、確かに生じるでしょう。しかし、その欲求は、生じた瞬間から変質し、なくなる運命にあります。なぜなら、その欲求は、私たち人間という生きもの、もっと言うと、「モノ」から生じたからです。モノは時々刻々と変質していきます。したがって、モノである私たちから生じる「ただ、コーヒーを飲みたい」という欲求は、生じた瞬間から変質し始めるのです。

「ただ、コーヒーを飲みたい」という欲求が生じたとき、それはすでに「ない」のです。なぜなら、コーヒーを飲みたいと思った私は、数秒後、すでに「飲みたい」と思った数秒前の私とは異なるからです。禅問答のようですが、それが現実なのです。にもかかわらず、私たちは、「ただ、コーヒーを飲みたい」という欲求を作りだすのです。「時々刻々と変化し、元の状態はなくなりつつあるのに、ある」として作りだされたもの、それは確かな存在ではなく、「時間的に不確かな存在」です。

ここでも、前節と同様「五輪のマーク」を例に、この「時間的に不確かな存在」をもう少し具体的に捉えてみましょう。五輪のマークは、印刷物として世に出された瞬間から確実に変質し、

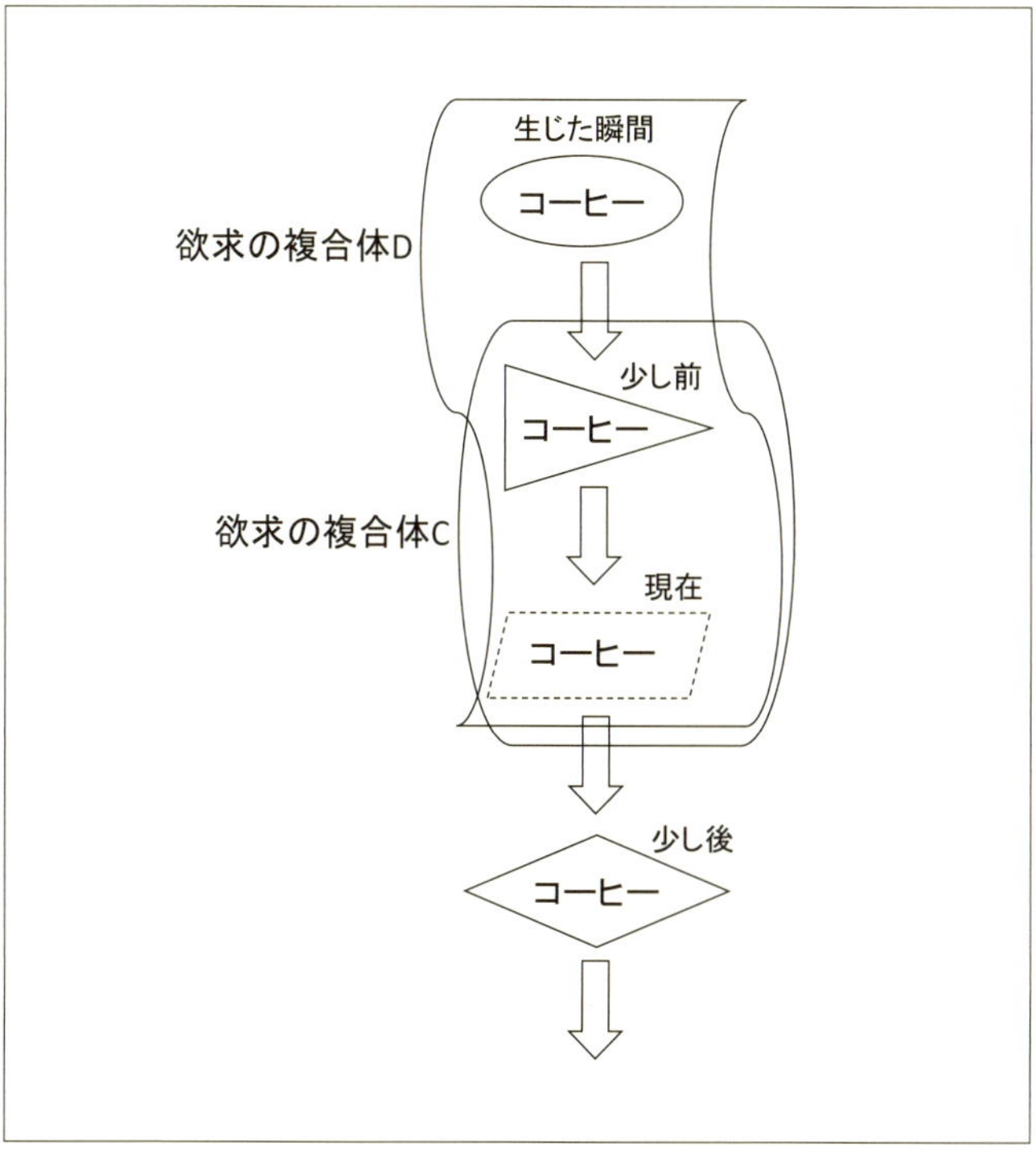

【図3】 最初に生じた「ただ、コーヒーを飲みたい」という欲求（図の楕円）は、生じた直後から、変質していきます（三角、点線の平行四辺形、ひし形）。現在の欲求（点線の平行四辺形）は、少し前の欲求（三角）を反映して欲求の複合体Cとなるか、更に遡り、生じた瞬間の欲求（楕円）も反映して欲求の複合体Dとなるかを選択します。このように、「ただ、コーヒーを飲みたい」という欲求は、変質した欲求が束ねられた「時間的に不確かな欲求」なのです。

消滅していきます。掲示された場所によっては一部が欠損したり、日に当たってかすれたりしているでしょう。マークは時々刻々と変質し、私たちが出会う度に異なるマークになっていくのです。にもかかわらず、私たちは、時々刻々生じる「異なるマーク」を「ひとつのマーク」として調和させるのです。

「ただ、コーヒーを飲みたい」というひとつの欲求は、時々刻々と変化し、現在の欲求は、過去の変質したどの欲求までを、現在の欲求としてまとめるのか、その範囲を適当に選択します。私は、マグカップへ手を伸ばすとき、それら変質した欲求を束ね、調和させ、「時間的に不確かな存在」として、「コーヒーを飲みたい」という「時間的に不確かな欲求」を作り出すのです（【図3】）。

話すことは不本意

では、ここで、改めて「コーヒーを飲みたい」と思うみなさん自身を考えましょう（【図4】）。この思いは、厳密には「ただ、コーヒーを飲みたい」という欲求です。この欲求が生じるとき、すでに述べたように、みなさんの心の内には、椅子に座ること、音楽を聴くこと、雑誌を読むこと……等々、多くの欲求が同時に、無意識に生じています。みなさんは、これら複数の欲求の集

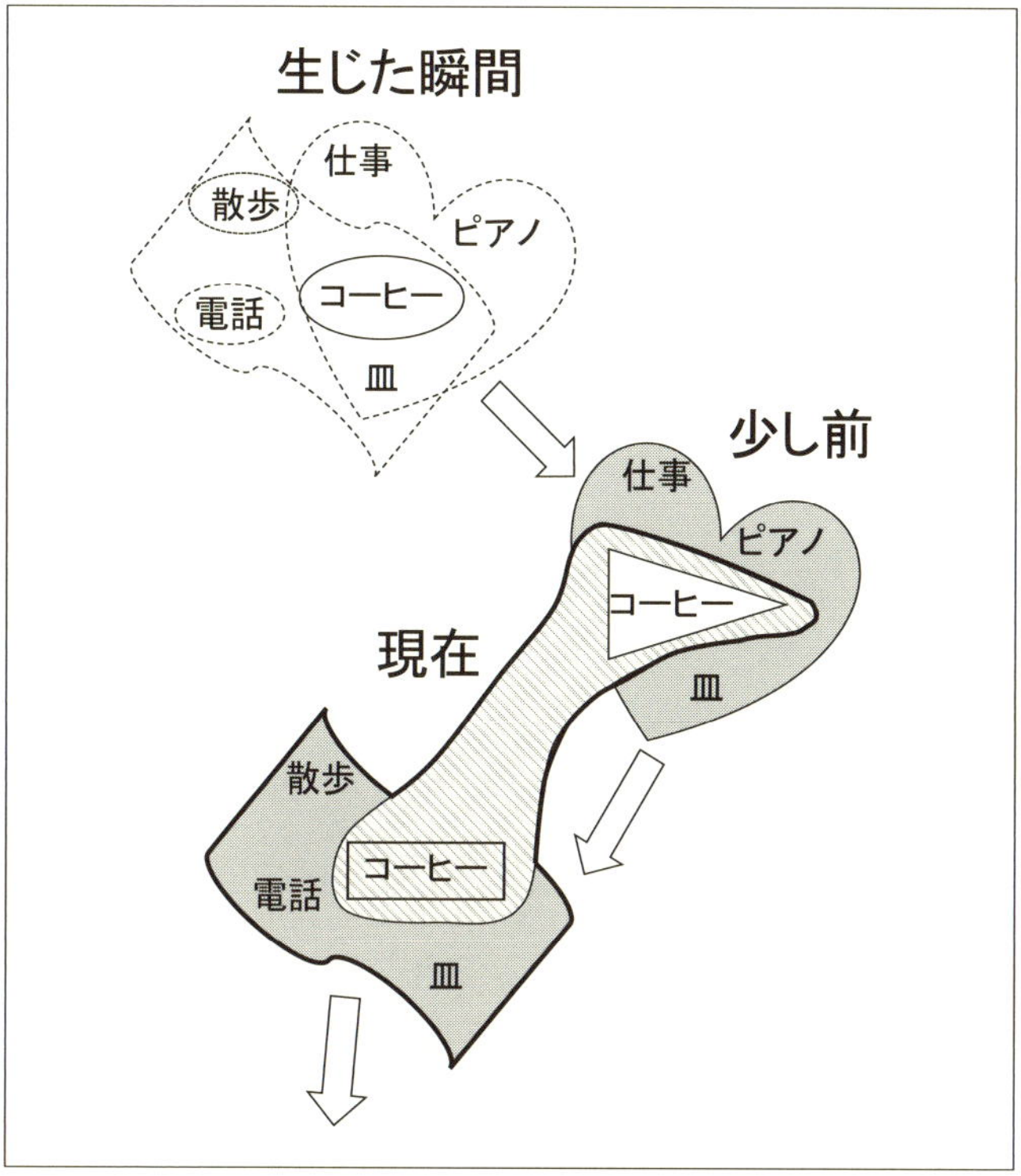

【図4】「ただ、コーヒーを飲みたい」という欲求（楕円）は、生じた瞬間、他の欲求と様々に組み合わさり、空間的に不確かな「コーヒーを飲みたい」という欲求になる可能性をもちます（点線のハートおよび波四角）。また、「ただ、コーヒーを飲みたい」という欲求は、時間的に変化し（楕円、三角、四角）、時には少し前の欲求を反映し、時間的に不確かな「ただ、コーヒーを飲みたい」という欲求となります（斜線の図形）。空間的に不確かな欲求も、同様に変化していきます（灰色のハート、灰色の波四角）。こうして、「コーヒーを飲みたい」という欲求は、「ただ、コーヒーを飲みたい」という欲求を核とする、時・空間的に不確かな欲求となります。図の場合、現在の欲求は、太線で示された時・空間的複合体です。

まりを、どれにも特別な注意を払うことなく調和させ、「空間的に不確かな存在」であるひとつの欲求、「コーヒーを飲みたい」を仕立てあげます。

この「コーヒーを飲みたい」という欲求が作られる過程において、「ただ、コーヒーを飲みたい」という欲求は、先ほど述べたように、着々と変質していきます。したがって、「コーヒーを飲みたい」というひとつの欲求ができあがるとき、みなさんは同時に、生じたときの「ただ、コーヒーを飲みたい」という欲求と、変質し別物になった「ただ、コーヒーを飲みたい」という欲求を、別物ではなく、「時間的に不確かな存在」としてひとつに調和させ、「ただ、コーヒーを飲みたい」という欲求を持続させるのです。

このようにして、みなさんは、時間的、空間的に欲求が不確かになることを受けて、「コーヒーを飲みたい」という「不確かなひとつの欲求」をでっちあげるのです。つまり、私たちが何か行動するとき、欲求は確固たるものとして存在するのではなく、不確かなものとしてでっちあげられるにすぎないのです。したがって、私がマグカップを手にした理由を聞かれれば、「コーヒーを飲みたかったからかもしれない」と、歯切れ悪く、自信なく答えたくなるはずです。

しかし、「……かもしれない」と実際に言う訳にはいきません。そのように素直に答えてしまうと、相手によっては、「『……かもしれない』って、何それ。自分がどうしたかったかわからないの？　森山さんってちょっと変……」と思われてしまうでしょう。そこで私は、「コーヒーを飲みたかったからです」と答えるのです。ただ、この答えは決して私の本意ではないため、答えるときに何とも言えない「不本意さ」を感じることになります。そして、このような「不本意さ」、あるいはそこから生じるかもしれない発話の躊躇は、あらゆる言語行為に伴われて生じるはずです。

まず、私たちの言語行為とは、世界の中のモノゴトを言葉で表現することです。それは、モノゴトを言葉という型へはめることでもあります。一方、世界の中のあらゆるモノゴトは、不確かな存在です。なぜなら、既に述べたように、あるモノゴトは、生じた瞬間から滅しはじめ、変質し続ける「時間的に不確かな存在」だからです。また、そのモノゴトは、常に複数の他のモノゴトと共立し、調和する「空間的に不確かな存在」なのです。

このように、世界の中のモノゴトは、時・空間的に不確かな存在であるにもかかわらず、私たちの脳は、言語行為によってそれらを確かなものとして表現、あるいは型にはめようとします。したがって、言語行為は、私たちにとって本意ではない行為となります。みなさんも今一度、自分が言葉で何かを表現するときの気持ちを振り返ってみて下さい。少しの躊躇もなく、自信を持って言葉を発することができているでしょうか？　会話の相手に対する緊張感とは違う、理由がない躊躇、言い知れない不本意さが生じているのではないでしょうか？

自問、あるいは哲学の萌芽

ではいよいよ、「なぜ私はマグカップを手にしたのだろう」という自問が生じる理由を説明していきます。「コーヒーを飲みたい」という、本当は不確かな欲求は、「コーヒーを飲みたい」という言語行為で表現されることを通して、あたかも確実に存在したかのようにでっちあげられるにすぎません（ここでいう言語行為とは、発話、筆記、思考等、脳によるあらゆる言語表現を含みます）。ですから、私たちは、欲求を言語化するとき、どこか座りごこちの悪い、「不本意な感じ」を覚えるのです。

この「でっちあげ＝欲求の言語化」に対する不本意さが大きく、言語化が思わず途中で躊躇されてしまうような場合、私がマグカップを手にした欲求、「コーヒーを飲みたい」は、言語以前の不確かなまま放置されてしまいます。すると、私には、マグカップを手にした欲求の不確かさの感覚が、前面に押し出され、その結果、「なぜマグカップを手にしたのだろう」と思うことになるのです（【図5】）。

こうして欲求を言語化する過程を詳しく眺めると、「なぜマグカップを手にしたのだろう」と、ふと自問してしまう人は、決して自分の気持ちがわからない変わった人間ではないことがわかり

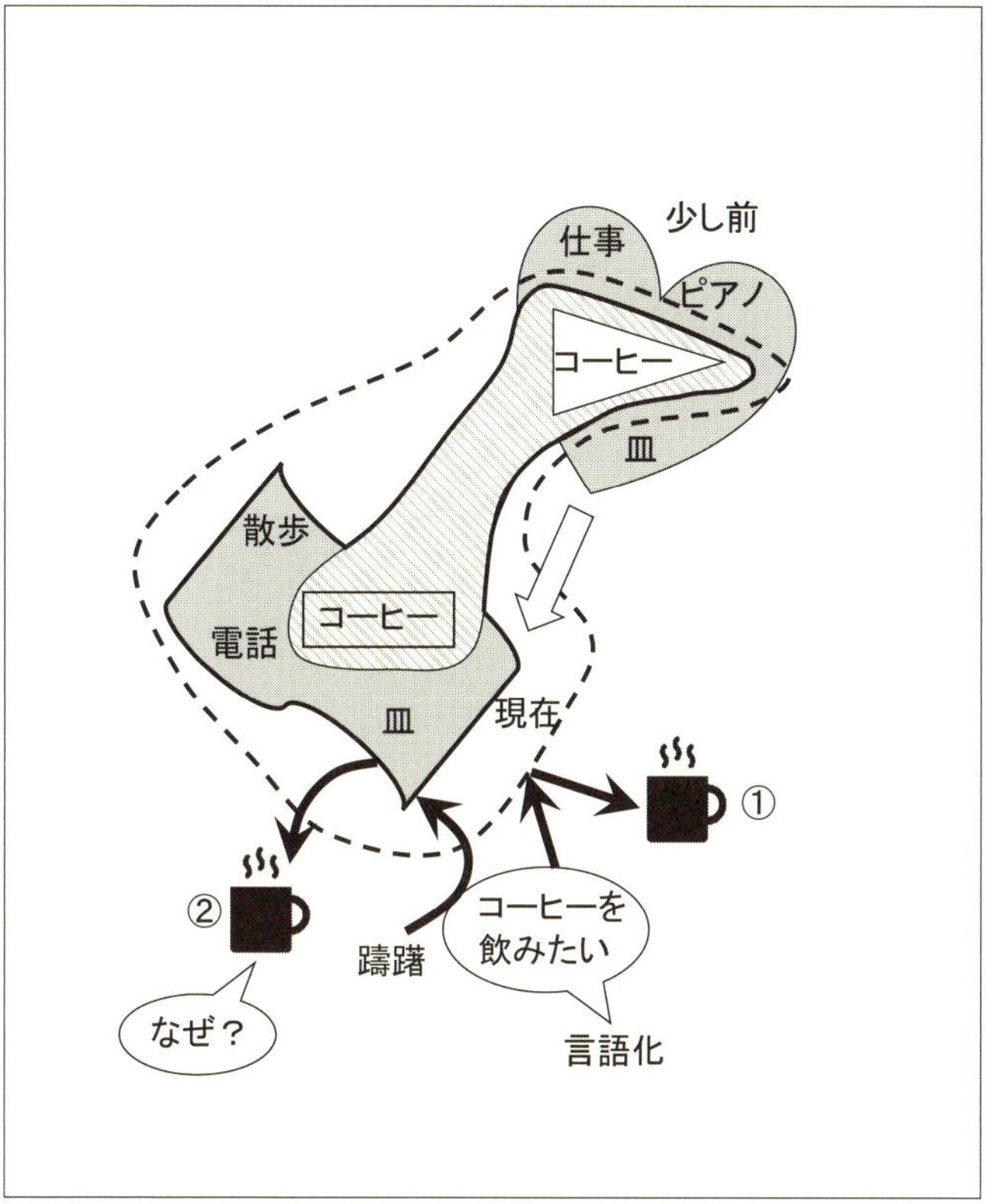

【図5】 図4で説明された「コーヒーを飲みたい」という現在の不確かな欲求（太い実線）は、「コーヒーを飲みたい」という言語化によって、確かな欲求としてでっちあげられ（点線部）、それを根拠に、私はカップを手にします（①）。ところが、言語化が途中で躊躇されると、カップを手にする根拠は不確かな欲求（太い実線）のまま放置され、その不確かさの感覚によって、私は「なぜマグカップを手にしたのだろう」と思ってしまうのです（②）。

ます。むしろ、人間に特徴的な言語行為が、当の行為者に与える不本意さに敏感に気づき、そして、自分の欲求の不確かさに導かれ、「私はなぜ〜〜したのだろう」という自問を自然に発生させられる人なのです。このように、言語行為の不可思議さに気づき、自問を自然に発することは、「哲学の萌芽」と言ってよいのではないでしょうか。

自問の無限連鎖

ここまで考察したように、自問がどのように発生するのかを知ると、「私はなぜ〜〜したのか」という自問に対する答えは、本来「ない」ことがわかります。なぜなら、自問は、疑問が先にあって発生するのではなく、不確かな欲求の言語化が滞る結果、自然に発生する現象だからです。

一方、「私はなぜ〜〜したのか」という自問に答えはあるという立場の人もいます。その場合、もちろん答えは「〜〜をしたかったから」となりますが、この答えは、「問いの無限連鎖」を作ってしまいます。例えば、「なぜマグカップを手にしたのだろう」の答えが「コーヒーを飲みたかったから」であれば、「では、なぜコーヒーを飲みたかったのだろう」という問いが同様に生まれます。その答えが「喉の渇きを癒したかったから」であれば「なぜ喉の渇きを癒したかったのだろう」という問いが生まれます。

以上のような「自問の無限連鎖」の果てに達する答え、すなわち、私たちの行為の起源に対する答えは、実は、「私は覚めない夢を見ている」と「私は行動決定機構に従う機械である」の二つへ宿命的に収束してしまいます。以下では、この二つの答えが妥当かどうかを、検討していきたいと思います。

世界を知る

「私の外側に世界などなく、私は一生覚めない夢を見ているのではないか」。読者のみなさんの多くは、きっとこの疑問を抱いたことがあるでしょう。私は小学一年生から二年生の間の一時期、夜布団に入ると度々この疑問が頭に浮かび、中々寝られないことがありました。そのきっかけは、「私が生まれる前からこの世はあったのだろう。そして、私が死んだ後にもこの世はあるのだろう。なんだか不思議だなあ」と、ふと思ったことでした。恐らく、この考えが浮かぶまで、私は「この世（世界）」という言葉で表現される「感覚」を持っていなかったのだと思います。では、世界という感覚はどのように作られてきたのでしょうか。

生まれて以降、何もできない幼い私は、周囲の大人の世話によって成長したはずです。自分の欲求が満たされないときには大声で泣き叫んだことでしょう。欲求が満たされようと満たされなかろうと、私は、何者か＝親をはじめとする生きものやモノが、私にしばしば接し、そして何かを与えたり取り去ったりするという体験を繰り返し与えられたはずです。与えられるだけでなく、私が欲求に基づいて行動し、何かを得たり失ったりすることもあったでしょう。このように、私は、突然何者かから触れられ、また、突然何者かに触れることによって、次第に「外部」という感覚を作っていきました。

やがて、私は成長するにつれ、「外部」という感覚を次第に強化していきました。そして、この「外部」が「世界」と呼ばれていることを学びました。その頃、同時に、私は、蟬しぐれがけたたましい木の下で、硬くなって横たわるアブラゼミの死体を拾ってじっと見つめたり、自転車で暴走して転倒し、ひどい裂傷を作り、両親から「そんな危ないことをすると死んでしまうよ！」と言われたりして、「死」に接する機会が増えました。

今の時代に詳しく書くことは憚《はばか》られますが、その頃の私たちにとって、ムシやカエル、カナヘビといった小動物をもてあそんで殺してしまうことも、遊びの一つでした。また、意味もなく玩具を高所から落として壊したり、他人の自転車のサドルに火をつけて焦がしたりして（発覚後、もちろん両親にこっぴどく叱られました）、罪悪感と好奇心の入り混じった軽い興奮状態で盛り上がることがしばしばありました。そんな、日常こそが「ハレとケ」の「ハレ」であるかのようなのが、当時の子供の日々でした。

死を学ぶ

世界という感覚を知りつつ、それが失われる死へ、受動的、能動的に触れる過程で、私は自分も日々死ぬ可能性があることを知りました。生きものが死んだりモノが壊れたりする現象を参考に、私も死ぬと決して生き返ることはないのだということを学びました。

死ぬと決して生き返ることはないことに加え、周囲の大人から、「死ぬと焼かれて骨になる」と教えられたとき、死ねば、夢を見ずに寝ているのと同じ状態になるのだろうな、と想像しました。

「死ぬと焼かれて骨になる」と教えられる前に、私は死ぬと墓に入れられると教えられました。ただ、一見入口のない、硬い石の墓に、どうやって死んだ人間を入れるのか、入れられたとしても、腐ってしまうのではないかと、多くの疑問を持ちました。それでも、何となく、この疑問を大人に尋ねるのはよくないことのように思っていた私は、なかなか答えを得ることができませんでした。

そんなある日、母方の祖母に、思い切ってこの疑問を尋ねると、「死ぬと焼かれて骨になる。骨は壺に入れられる。そしてその壺が墓に入れられる」と教えられました。祖母の家の近くの墓地へ行き、墓のどの部分から壺を入れるのかも教えられました。また、壺に入れられるのは骨の一部で、残りは処分されることも教えられました。このように、人は死んだ後どのように処理されるのかを具体的に知ることによって、私は、「死ぬと決して生き返ることはない。死ぬと夢を見ずに寝ているのと同じ状態になる」ということを確信したのです。

私は、「人間は死ぬとまったくなくなってしまう」ということを確信すると、それをきっかけに、生きている私は、生きものやモノ、すなわち世界と常に接し、それらを感じていること、そして、世界は、私の生まれる前から、そして私が死んでからも、存在するということを、ありありと実感しました。そのありありとした感じは、最近、長野の山を歩いた際、数百メートルという深さの谷底（＝死）を背後に控える断崖（＝世界）に立ったとき感じた、断崖の硬さや、その広さの力強さ、「支えてくれている、という感覚」にとてもよく似ていました。

以上のように、子供の私は、死の存在を知ることで、世界という漠然とした対象が、私の外側に、私の生死と無関係に、どっしりと存在していることを、感覚として、実感したのです。一方、このように世界の存在を知った私の中には、冒頭の疑問、「私の外側に世界などなく、私は一生覚めない夢を見ているのではないか」が立ち上がったのです。

私は覚めない夢を見ているだけなのか

少年の私は、自分の外側に世界があることを確信すると、世界に興味を持ち、盛んに接しようとしました。誰もがする通り、日々の遊びの中で様々な生きものやモノに触れました。それは虫捕りであり、林の中の探検であり、いずれも未知のモノゴトを知る過程でした。

時には、虫や動物の死体に出会ったり、ペットを死なせてしまったり、あるいは、自分自身が激しく負傷したりして、死が身近にあることを再認識しました。積極的に世界に触れようとする私は、世界に触れたとき、「触れようと思って触れた」という強い感覚を得ました。死体に出会ったときにも、それを「探し当てた」気がしました。激しく負傷したときも、それを「予期していた」気がしました。

実際には、世界に触れたとき、触れようとした欲求は変質し、そして、他の欲求と調和して、不確かな状態になっているので、世界に触れたときに得られるのは、「触れようと思ったような気がする」という感覚のはずです。35ページの【図5】で解説した通り、大人の私は、「〜〜しようと思ったような気がする」という感覚に対し、「〜〜しようと思った」という欲求を、後から言語的に、躊躇なくでっちあげ、そのような欲求が生じたかのごとく装います。だからこそ、大人の私は、「なぜ私は〜〜しようと思ったのか」という自問を頻繁には立ち上げません。立ち上がっても、答える取り組みをしないので、時間とともに問わなくなります。

一方、世界の存在を知り、それを積極的に探索し始めた少年の私は、世界に触れようとして、何かをした後に、「〜〜しようと思ってした」と言語的に思い込む訓練をまだ十分には積んでいません。したがって、言語化以前の不確かな欲求のみに支えられて行動するため、行動に対する動機の不在感が生じ、「なぜ私は〜〜しようとしたのだろうか」という疑問がしばしば生じてしまうことになります。特に、夜布団に入り、静かに一日を振り返る時、自分の様々な行動に対し、「なぜ私はそのように振る舞ったのか」という疑問が湧いてくるのです。

そのようなとき、言語行為に慣れた大人の私は、「そのように振る舞いたかったからだ」とさらりと動機をでっちあげるのでしょう。一方、未熟な少年の私は、「そのように振る舞いたかったからだ」と「強く思い込もうと」します。だから、例えば前述のように、「死体に出会ったときにも、それを『探し当てた』気がした。激しく負傷したときも、それを『予期していた』気がした」という「過度の自発感」を立ち上げてしまうのです。

行為の動機が、でっちあげではなく、実在したのだと考える、「過度の自発感」をもつ少年の私は、私がまず振る舞い、世界に接触することで、世界の存在を知るのだと考えます。すると、私は「自分が接触しようとしないかぎり、世界の存在を確かめることはできない。だから、寝ている間に世界があるかどうかわからない。確かに、私は世界が私の生死と無関係に存在すると確信できた。しかし、寝ている間に世界があるかどうか、確信できないし、客観的に確認できないのが事実だ。そして、私が起きている状態も確認できない。なぜなら、起きて覚醒している私は、起きて世界と接触するという夢を見ているだけなのかもしれないからだ。『夢では痛みを感じない。痛みを感じるならば、あなたは起きている』と言われたところで、その言葉すら、私が夢の中で作り上げたことかもしれない。だから、痛みを感じたり予想外のできごとに驚いたりすることがあっても、それらは私が作り上げたことかもしれない。夢を見ることも、夢から覚めることも、夢におけるできごとかもしれない。『なぜ私はそのように振る舞ったのか』という自問に対する答え。それは、『私は覚めない夢を見ているだけで、あらゆる振る舞いは、私の想像による幻想である』かもしれない」と考えたのです。

私は覚めない夢の住人ではない

私は、「自分は覚めない夢を見ているだけかもしれない」という考えを否定することはできません。たとえ私がこの文章を読者のみなさんへ向かって書いているつもりでも、そのみなさんが私の夢の登場人物であることを否定できません。ただし、寝ているときに夢を見ながら、自分は夢を見ていると気づくことがあるのと同様に、覚めない夢を見ているだけかもしれない私が、私は覚めない夢を見ているのだと気づく、あるいは、思うことは可能です。

したがって、「私は覚めない夢を見ているだけで、私の外に世界はない」のか、あるいは、「私は日々覚醒し、私の外の世界と触れ合っている」のか。私がどちらの世界観を採用して生きていくかは、私の個人的な意思決定によって決まるだけです。

私は、「私の外側に世界があり、私はその中で生きている」という世界観を選択しました。その理由は、私は、覚めない夢を見ているという実感を持てなかったからです。一方、「私は日々覚醒し、私の外の世界と触れ合っている」という実感を日々持っています。

この実感の宣言は、単なるわがままな自己主張ではなく、「世界へ触れること、すなわち私のあらゆる行動は、不確かな動機に端を発し、動機の存在は、行動の後に、必要に応じてでっちあげられるにすぎない」という現実を受け入れる覚悟の表明です。

不確かな動機に基づいて行動する私は、「なぜそのように振る舞ったのか」という疑問を抱くことは通常ありません。動機は後付けのでっちあげだからです。偶然、動機をうまくでっちあげられないときには、動機の不確かさが際立ち、「なぜそのように振る舞ったのか」という自問が生じます。しかし、適当な動機を後付けすることで、その疑問はうやむやのうちに消失するのです。

そして、世界と触れ合う私の醍醐味は、「未知のできごと」に時折遭遇することです。未知のできごとに対し、私は、動機など無関係に、自分でも予想外の行動をしてしまうでしょう。なぜなら、普段から動機は不確かで、後からでっちあげられるにすぎないからです。そして、予想外にとってしまった行動には、動機を後付けする余裕などないでしょう。「おお、できた」「ああ、やってしまった」という感慨だけを得られるのは、幸せなことです。

一方、私が覚めない夢の中で生きている場合、予想外の行動もまた、私が作り出したものとして理解しなくてはなりません。その場合、予想外という感覚の醍醐味は希薄になってしまいます。もちろん、それを好む人もいるでしょう。私はただ、醍醐味の方に、実感を抱けるのです。その実感は、私のあらゆる行動は不確かな動機に起因し、動機は行動の後に、必要に応じてでっちあげられるにすぎない、という現実を受け入れることと共に成り立つのです。

目を突いてしまったこと

「私は、自分の外側にある世界の中で、あるいは、世界と共に、生きている」。このような世界観を獲得しつつあった小学二年生の私は、その夏、ちょっとした、しかし、生涯忘れられない怪我に見舞われました。そしてその怪我の療養中に、「私は行動決定機構に従う機械なのではないのか」という疑問を持ったのです。

その夏のある日、私は友だち数人と一緒に自宅の庭で竹製の水鉄砲を作っていました。近くの林から適当な竹を切り出し、節を利用してシリンダーに相当する部分を作り、その竹の径より細い別の竹の一端に布を巻きつけてピストンに相当する部分を作り、両者を組み合わせるのです。シリンダーに水を入れ、ピストンを強く押すと、シリンダーの節に開けた小さい穴から水が出る、という仕組みです。私よりも早く仕上げた友人らは、水をかけあって走り回っていました。

ようやく水鉄砲を仕上げ、水を込め、さあ誰にかけようかとピストンを押しました。しかし、布を多く巻きすぎたのか、奥まで押しきれず、水が出ませんでした。一度ピストンを抜いて布を巻きなおせばよかったのですが、逸る心を抑えられなかった私は、座りこんでピストンを力任せに押しました。すると、あろうことかピストンの竹は折れ、その反動によって、私は、折れて尖った竹の先端で、右目をこすってしまったのです。

「痛あっ！」と言って右目を押さえた私は、それまでに経験したことのない、刺すような痛みを感じて泣き出しました。異状を察した両親が駆けつけましたが、私は混乱していて、その後の記憶はなく、気づくと眼科の病室で診察を受けていました。その時には、目の痛みは無くなっていたような気がします。医師は年配の女性でした。彼女は親に何か話していましたが、私は放心していたので、会話の内容をまったく覚えていませんでした。

それまでテレビでしか見たことのなかった眼帯をして、私は家に戻りました。すると、両親は私をすぐに二階の寝室へ連れて行き、畳の上で横になるよう言いました。私は言われるままに寝ると、彼らは布団を敷き始めました。そして、敷き終ると、私に仰向けで寝るように言い、こう告げました。

「お前の右目の黒目には小さな傷ができてしまった。その傷からは水が出てしまう。すると、その目は失明してしまう。水が出ないようにするには、頭を動かさないようにして仰向けに寝て、傷が塞がるのを待つしかない。だから、これからお前の頭が動かないよう、百科事典を頭の両側に積むよ。しばらく辛抱しなさい」。

私はもちろん「うん」と答えるしかありませんでした。「明日の朝まで辛抱すればいい」。私はそう思って眠ることにしました。

そして一週間

その晩、私はトイレに行きたくなり、起きようとしました。すると、誰かに体をギュッと押さえつけられました。それは母でした。「頭を動かしてはいけないからね。じっとしていなさい」と彼女は言いました。私は、トイレに行く間くらいは起き上がってよいだろうと思っていました。

しかし、認識が甘かったのです。

母に「トイレに行きたいのだけれど」と告げると、「ではこれにしてね」と尿瓶《しびん》を見せられました。仰向けになりながらの排尿に非常に違和感を覚えましたが、何とか用を足しました。

排尿を済ませすっきりした気分になった私でしたが、背中や尻が痛いことに気づきました。数時間頭を固定され仰向けに寝ていたのですから、当然でした。そこで、寝返りを打とうとしましたが、頭を百科事典で固定されているのでできませんでした。せめて体を反らそうとすると、母は私の体を押さえながら「辛抱しようね」と言い、背中と布団の間に手を入れて、背中をさすってくれました。私はなんだか大変なことになったなあと思いつつも、やがて眠りにつきました。

翌朝目が覚めると、父が枕元に座っていました。父は私が起きたことを確認すると、母を呼びました。その時は考えが至りませんでしたが、両親は夜通し、私が動かないよう、交替で見てくれていたのです。私は、母は布団を片付けに来るのだと思い、彼女が階段を上る足音が大きくなるにつれ、「ああ、やっとこの状態から解放される」と期待に胸を膨らませました。

ところが、私の期待はまったくの的外れでした。母はお盆に朝食を載せて部屋に入って来ました。そして枕元に座ると、頭が固定された私の口へ、スプーンで少しずつ食事を運び始めました。私の胸はざわつき始めました。「どうやらこの状態はまだ続くようだ」。私は、今日一日はもう起きられないなと観念しました。

しかし、その観念すら甘いことがわかりました。食事が終わると、母はヒモを私に渡しました。そして言いました。「このヒモは一階まで伸びていて、その先に鈴が付いています。食事でもトイレでも、何か用事があれば、このヒモを引いてお母さんを呼びなさい。すぐに来てあげます。だから、頭や体を決して動かしてはいけません。目の傷が塞がるまでの辛抱ですよ」。

母はどのくらいの期間寝ていないといけないのか言いませんでした。それで私は察しました。どうやらこの状態はかなり長く続くのだということを。私は、知ると辛くなりそうなので、そして知るのが怖いので、いつまで寝ていないといけないのかを決して聞かないぞと、心に決めました。

その日の夜に、三重県に住む祖母が、私たちの住む大阪の家までやって来ました。私は優しい祖母が来てくれたことを素直に喜びました。しかし、それは、長く続く徹夜の看病に、両親と共に付き合ってくれることを意味していました。私はそうとは思えず、「祖母は私を励ましに来てくれた。普段家では食べられない、祖母が好物のお茶漬けを出してもらえるぞ」と、少しでも楽しみを見出そうとしました。

頭を固定されたまま、三食を食べさせてもらい、排泄の処理をしてもらう日々が続きました。風呂に入れないので、寝る前にタオルで体を拭いてもらいました。それでも、一週間もすると背中から垢がどっさりと剝がれるようになりました。「力太郎」という昔話では、垢から作られた人形が人間になりますが、当時の私からは、十分、垢の人形を作れたと思います。歯も、磨けても口をゆすげないので、ガーゼで拭いてもらった記憶があります。

悪夢のような悪夢

眼科の先生は数日おきに往診に来て下さいました。経過は良好だと言われると本当にうれしかったです。後に知ったのですが、先生も未経験の治療法だったようです。私の両親は、「もしお子さんが大人ならば、角膜の傷が自然に塞がる可能性は非常に低く、失明するか、視力が著しく低下するかのどちらかでしょう。しかし、成長中の子供なので、傷が自然に塞がる可能性を捨てきれません。挑戦してみましょう」と言われたそうです。

治療期間中、体を動かせないので、ものすごく暇だったのはもちろんで、よくヒモを引っ張って鈴を鳴らし、漫画などの本を持ってきてもらいました。しかし腕を天井へ向けて本を読むわけですから、すぐに疲れてしまい、長続きしませんでした。また、片目に負担がかかるかもしれないからと、長時間本を読むことを禁じられました。

このように、体を拘束され、娯楽もない状態が数日続いたころから、私は夜中によくうなされるようになりました。恐ろしい夢をしばしば見たからです。特に頻繁に見たのは、体の何倍もある大きな色とりどりの玉が、物凄い速さで私の背後から転がってくる夢でした。

夢の中の私は必死に走ろうとするものの、なぜか膝にうまく力が入らず、足がガクガクと崩れるようにしか走れませんでした。その結果、玉は見る見る背後に迫り、転がる金属音が加速度的に大きくなり、「もうだめだ!」と思うのです。すると、なぜか視点が瞬時に俯瞰へ切り替わり、背後に迫る幾つもの玉から必死に逃げる私の姿が見えるのでした。そして、「うわあ」という自分の悲鳴で、目が覚めるのでした。

原因の無限連鎖

このような退屈と恐怖の日々が過ぎ、怪我を負ってから二週間後、目の傷は塞がったと判断されました。毎日体を拭いてもらったにもかかわらず、体は垢の被膜を纏っていて、指先で背中を擦ると、その被膜が剝がれました。また、足の筋肉はやせ衰え、回復後、初めて階段を降りるときには、手すりを両手でしっかり握り、一段一段踏みしめながら階下を目指しました。久しぶりに直立したため、初日は終日軽いめまいを感じていました。

幸い、右目に視力の衰えはありませんでした。眼科の先生は、「子供の力はすごい」と感心していました。ただ、黒目の表面に大きな傷跡が残ったため、私の視野には常に透明な三日月状の物体が映り込みました。それはちょうど、顕微鏡で覗いて見える「ミカヅキモ」のようでした。しかし、その透明ミカヅキモは、焦点を合わせようとしなければはっきりとは見えないため、生活には何ら支障はでませんでした。こうして私の身体は、再び自由を得たのです。

そして、ちょうど体力が回復したころ、二学期が始まり、私は何事もなかったかのごとく登校しました。それまでと同様、学校で友だちと遊び、授業を受ける日々が始まりました。

ただ、私はしばしば辛い療養の日々を思い出しました。そしてその都度、「もしあの時あんなにむきになって棒を押さなければ、辛い思いをせずに済んだのに」と考えました。本当に辛い日々だったので、「なぜあんなにむきになったんだろう」と、答えの出るはずもない疑問へ思いをめぐらせてしまい、しばらく考え込んでしまうことがありました。

考え込んだのは次のような内容でした。「私はなぜあんなにむきになって棒を押したのだろう。それは、その前に友だちと少し言い争いになって気持ちがイラついていたからだろう。ではなぜ言い争いになったのだろう。それは、昼にカレーを食べ、体が火照ったからだろう。ではなぜカレーを食べたのだろう。それは、母親が辛い物を食べたくなって作ったからだろう。ではなぜ母親は辛い物を食べたくなったのだろう。それは……、と考えると、私が棒を押したことは、生まれた瞬間のできごと、例えば、膝の屈曲、と繋がるかもしれない。

ということは、私が棒を押したことは、生まれたときの膝の屈曲で決まっていたのではないだろうか。そして、今私が考え込んでいることも、事前に決まっていたのではないだろうか。もしかしたら、その原因は、さっきアメを食べたことかもしれない。私のこれまでの行動、そして、今後の行動は、私の意識が知らないだけで、実はすべて決まっているのではないだろうか。すなわち、私の肉体には、各行動を決定する機械が備わっていて、その機構にしたがって私の肉体は動いているのではないだろうか。例えば、行動Aの次には行動B、行動Bの次には行動Cという具合に。つまり、私は、機械なのではないだろうか……」。

このように、まだ少年の私は、原因の無限連鎖を素朴に信じてしまい、その答えの出し方について、考え込んでいたのです。

私は行動決定機構に従う機械なのか

「私は機械である」。この結論は一見正しそうです。確かに、私たちの行動には原因があるでしょう。「原因」は、事前の自分の行動だけでなく、「蚊に刺され(原因)、叩く(結果)」のように、外界からの刺激の場合もあるでしょう。そして、各行動は、対応する各原因が、行動を決定する「機械的機構」で処理されることで生み出されるのです。この「機械的機構」を、以降「行動決定機構」と呼びましょう。

行動Aの原因をa、行動Bの原因をb、……と表現し、また、各行動決定機構を［a、A］、［b、B］……、と表現すると、私たちは、多数の行動決定機構、［x、X］を備えていることになります。多数の行動決定機構を備えることで、私たちは、世界から与えられる多数の原因に対し、円滑に行動することができるでしょう。ところが、多数の行動決定機構を備えることは、問題も発生させます。

例えば、「カレーの香りという刺激に対し、食べるという行動を生み出す行動決定機構」と、「サイレンの音に対し、すぐさま逃げる」という行動決定機構を備える人は、デート中にカレーを食べているとき、近くを消防車が通りかかると、どうなってしまうのでしょう。

サイレンの音でガタリと席を離れてしまい、カレーの香りがその人の鼻に届かなくなってしまえば、後はひたすら逃げ続け、その人はデートの相手を一人店の中へ放置してしまうことになります。あるいは、「席から立ちあがる、カレーを食べる」という行動をせわしなく繰り返す不審者になってしまうかもしれません。

いずれにせよ、二人の関係は、間違いなくご破算になるでしょう。このように、世界の中で円滑に生きるために多数の行動決定機構を備えることは、その数の多さゆえに、問題を発生させてしまうことがあるのです。

しかし、実際には、上記の人は席についたままカレーを食べ、談笑を続けることでしょう。では、なぜ談笑を続けることが可能なのでしょうか。「行動決定機構は同定されたわけではない。そのような想像上の機構のことなど考えてもしょうがない」と言うのは容易《たやす》いでしょう。しかし、想像上でもあり得るならば、その存在の妥当性を考え、私たちと世界との関係を考えることも、本書の目的の一つです。ここでは、「多数の原因が同時に生じ、多数の行動決定機構が駆動するにもかかわらず、私たちが状況に応じた機構を選択できるのはなぜか」を考えるべきです。

私は行動決定機構に従う機械ではない

「多数の原因が同時に生じ、多数の行動決定機構が駆動するにもかかわらず、私たちが状況に応じた機構を選択できるのはなぜか」。読者のみなさんは、前述の「不確かな欲求」を考えたときと同じ思考で、この問いを答えられることに気づいたと思います。

前節のカレーの例で登場した彼が、「カレーの香り」という原因に対し「食べる」という行動を発現するのは、「カレー、食べる」という行動決定機構が働くからです。ただし、この機構がまったく単独で働くことはあり得ません。

彼がカレーを食べようとするとき、音楽を聴く、テレビを見る……等々、多くの行動が同時に生じています。また、むずむずする鼻をこする、急いでカレーを食べてちょっと張ってきたお腹が苦しいのでベルトを緩める、という様々な余計な行動が、発現の機会をうかがっています。このように、彼がカレーを食べるとき、「カレー、食べる」という行動決定機構が、まったく単独で働いていることはあり得ません。

複数の行動決定機構が駆動し、また、駆動しようとしているという現実において、彼は、カレーを食べるという単独の行動を発現しています。この状況で彼の内部で実現されているのは、「カレー、食べる」の活性化と、それ以外の複数の余計な行動決定機構の抑制です。このような活性化と抑制の複雑な制御は、「カレー、食べる」が、それ以外の余計な行動決定機構の活性化をモグラたたきのように抑制していく、といった方法では、決して円滑に進行しないでしょう。

そうではなく、まるで優秀なオーケストラにおいて、指揮者が演奏者の一員となりながら全体が調和し、結果として指揮者の意図のような演奏が実現されるように、「カレー、食べる」が、その他の行動決定機構と調和し、結果としてカレーを食べるような行動が実現されるのです。

各行動決定機構は、「カレー、食べる」を中心に自律的に調和し、「空間的に不確かな「カレー、食べる」」がでっちあげられるのです。このように、彼は、「カレーを食べる」を選択するのではなく、厳密には、複数の行動が調和した「カレーを食べるような行動」を作り上げているのです。

この「カレーを食べる」という行動が作られる過程において、「カレー、食べる」という機構は、彼という生物を構成する物質であるため、生じた瞬間から、時間経過とともに着々と変質していきます。例えば、カレーの匂いを感知する鼻の内部の感覚細胞の感度は、時間経過とともに鈍くなるかもしれません。その場合、同じ強さのカレーの匂いがただよっていても、彼は食べるという行動を発現しないでしょう。逆に、感度が鋭くなれば、誰もカレーの匂いを感じていないのに、彼だけがカレー皿を用意しだすかもしれません。

このように、「カレー、食べる」は、時々刻々と変化してしまいます。よって、「カレーを食べる」を実現するとき、彼は、「空間的に不確かな「カレー、食べる」」をでっちあげつつ、変質し続ける「カレー、食べる」機構をとりまとめ、「時間的に不確かな「カレー、食べる」」をも、でっちあげているのです。「カレーを食べる」という行動は、このような「行動決定機構の時・空間的でっちあげ」によって実現されるのです（【図6】）。

私たちが行動するとき、その行動は、行動決定機構から機械的に発動されるのではないのです。行動は、多数の行動決定機構が、時・空間的に調和することで作り上げられるのです。すなわち、「私たちは決して、行動決定機構に従う機械ではない」のです。むしろ、機械的な行動決定機構は、有機的な調和によって、「不確かな行動決定機構」となり、行動を作り上げ、私たちを、機械ではない「生きもの」に仕立て上げてくれているのです。

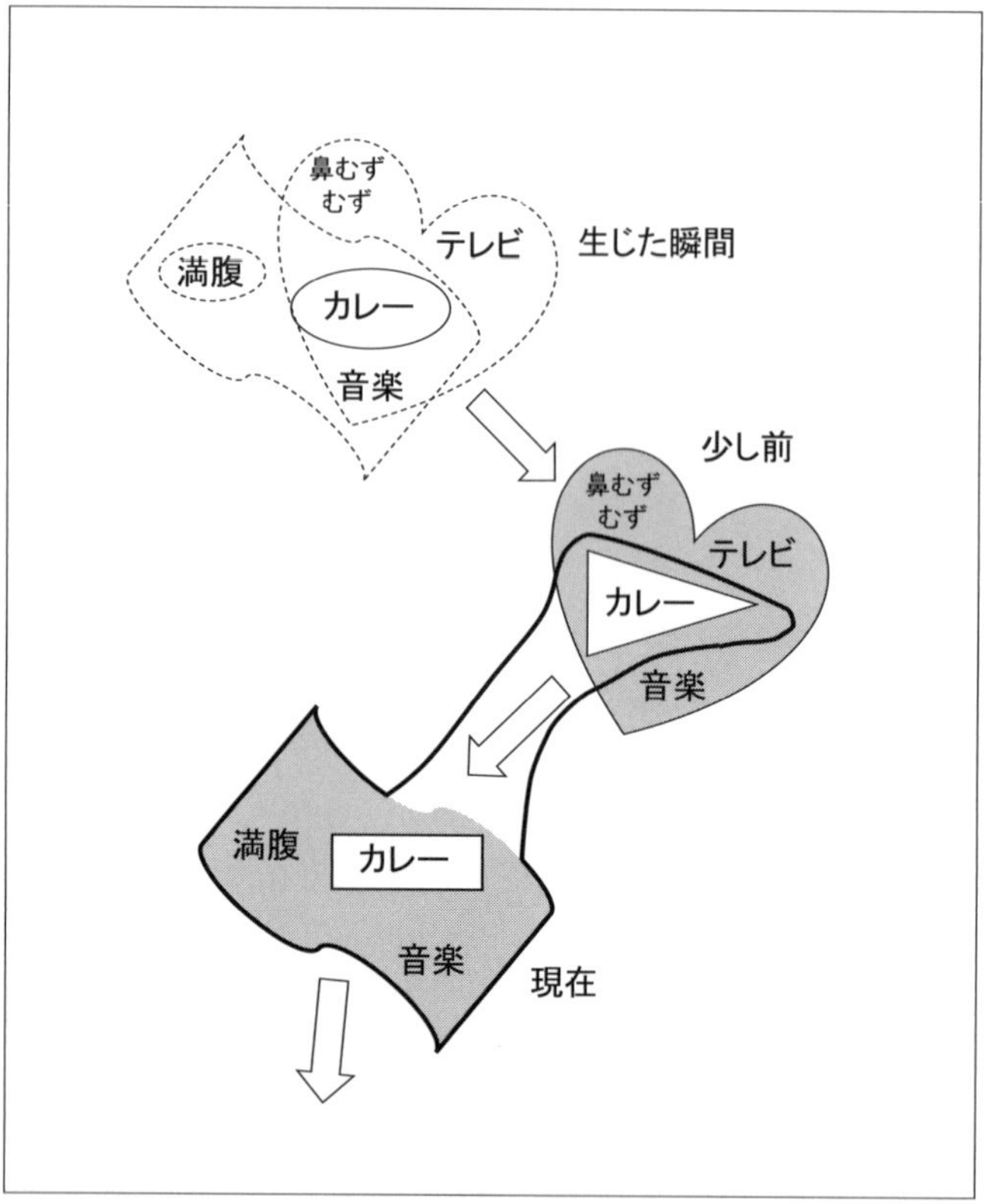

【図6】 あるとき生じた行動決定機構［カレー、食べる］（楕円）は、他の余計な機構、例えば［テレビ、見る］、［音楽、聴く］、［鼻がむずむず、こする］、［満腹、ベルトを緩める］を抑制し、それらと空間的に調和し、厳密には「カレーを食べるような行動」、一般的には「カレーを食べる行動」を作り上げます（灰色の波四角）。また、［カレー、食べる］（楕円）は、時間経過とともに変化し（三角、四角）、例えば、現在の機構は少し前の機構を履歴として複合します。このように、［カレー、食べる］は、時・空間的に不確定と言えます（太い実線の複合体）。

行動の質的一回性

私たちの行動は、時・空間的に不確かな行動決定機構によって生成されます。したがって、私たちが異なる時刻に同一の原因を捉えると、異なる行動が生み出されます。

カレーの匂いを捉えると、カレーを大好物とする私は、その元であるカレーライスを探し当て、ついつい食べ始めてしまうでしょう。しかし、その食べ方は毎回異なるのです。ただし、その違いとは、口の開き方やスプーンの角度が違うといった、「量的な違い」だけではありません。「カレー、食べる」機構そのものと、それと調和する様々な機構が、時・空間的に異なるため、食べるという行動に「質的な違い」が生じるのです。

例えば、「昨日は冴えない気分で、そして今日は晴れやかな気分で食べていた」という具合です。その違いは、「昨日はつまらなそうに、そして今日はにこやかに食べていた」というように、顔の表情に現れるだけでなく、続く行動に大きく影響を与えると考えられます。例えば、私は、昨日はカレーを食べた後に深いため息をつき、今日は鼻歌を歌ったかもしれません。このように、不確かな行動決定機構は、同じ原因に対し、「質的に異なる行動」を生み出します。すなわち、生み出されるのは、見た目には同じでも、質的には一回性の現象なのです（【図7】）。

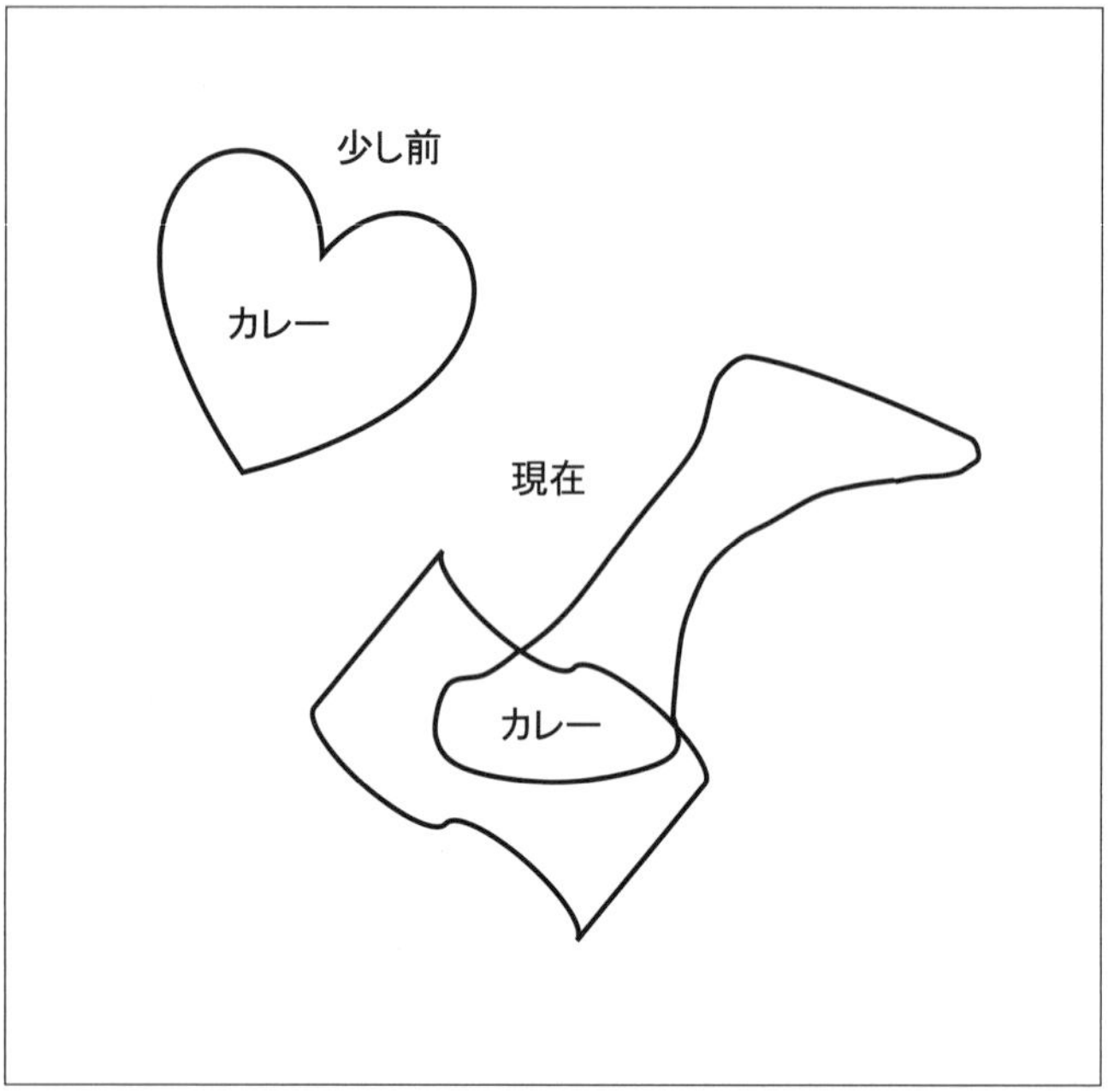

【図７】　図６から抜き出した、少し前と、現在における、カレーを食べる行動決定機構の複合体の形。両者における行動の質的違いは、視覚的には、図の形の違いで表現されます。そして、この形の違いが、例えば表情に反映されるのです。

私たちの行動が質的に一回性であることは、私たちが行動決定機構に従う機械でないことの有力な証拠です。前述のように、たとえ昨日と今日とでカレーを食べるという同じ行動でも、その質が異なるため、続く行動に違いが現れます。すなわち、カレーを食べるという行動を原因として、ある行動決定機構が働くとき、その結果としての行動が一つに定まらないのです。

機械とは、原因に対して結果を一意に導くことを特徴とするはずです。結果が多義的な機構は、とても機械とはいえないでしょう。

一つの原因に対して質的に異なる結果を導く不確かな行動決定機構。これを備える私は、生まれた時に動かした膝の屈曲によって、数年後、竹鉄砲で目を傷つけることを宿命づけられた機械なのではないのです。

確かに、竹を折ったことの原因となる行動から、その行動の原因となる行動を辿り、その原因行動の原因行動を辿り、……と、各行動の原因行動を、時間を遡って辿って行けば、生まれた直後、看護婦さんに背中をさすられたことを刺激とする、膝の屈曲に辿りつくかもしれません。その道のりは、一つの経路として描かれるでしょう。

しかし、膝の屈曲からもう一度時間を進めるときに見えてくるのは、一回性の行動が創出されていく過程です。その一回一回の過程には、運命や宿命などありません。一回一回、行動がでっちあげられるのです。すなわち、私がタイムマシンで生まれた瞬間に戻され、一九六九年一月一九日の朝と同じ膝の動かし方を与えられても、数年後、竹を折るとは限らないのです（【図8】）。

タイムマシンで生まれた朝へ戻るたび、私の内部では、行動決定機構［背中の刺激、膝の屈曲］が駆動し、膝が動かされるでしょう。ところが、この機構と同時に駆動し、そして互いに働きを調和しようとする他の機構の数や種類は、前述の通り、優秀なオーケストラのように、自律

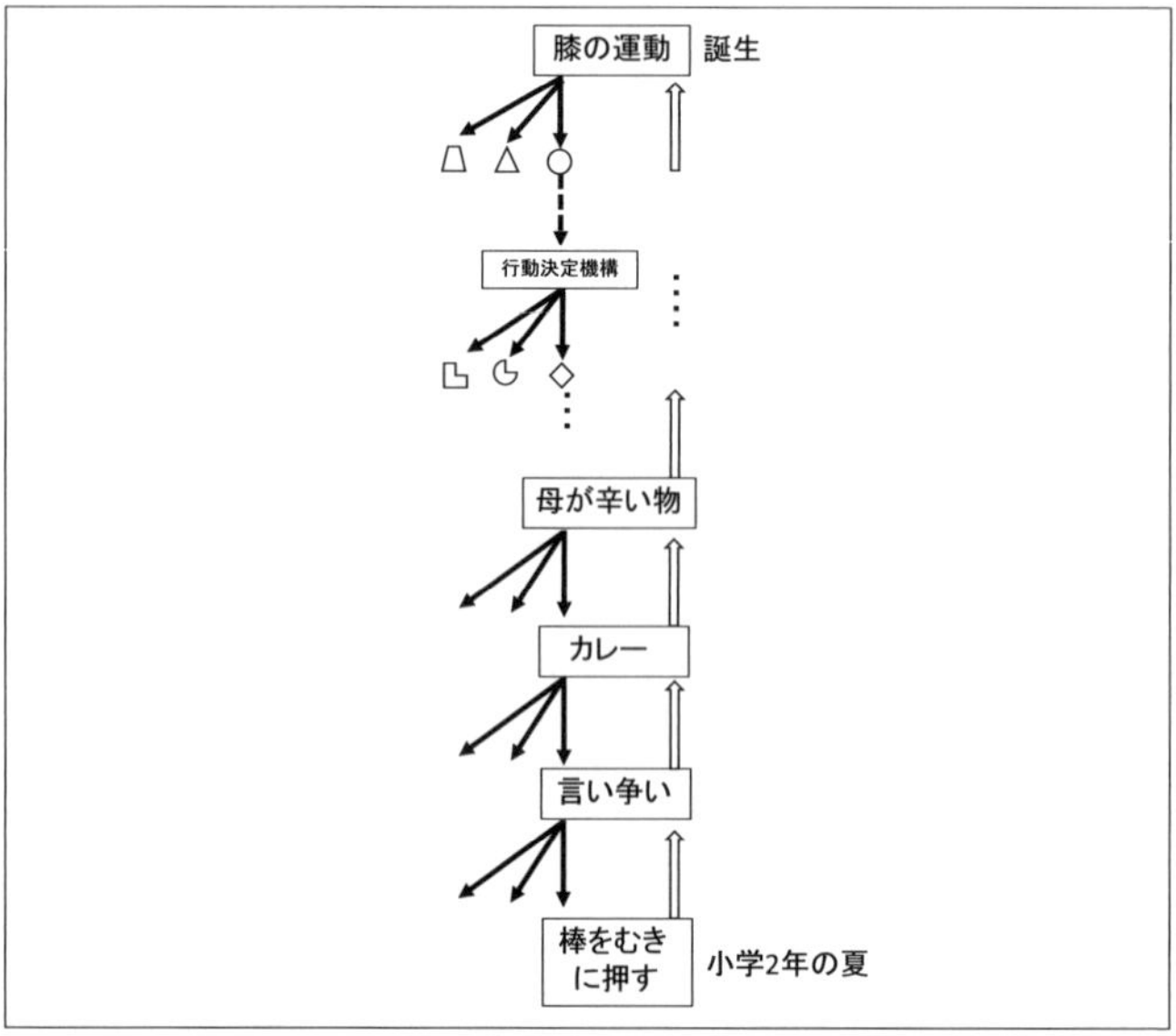

【図8】　小学2年生のときに竹鉄砲の棒をむきになって押してしまった行動の原因を過去へ向かって辿ると、直前に友達と言い争ったこと、昼にカレーを食べ体が火照ったこと、母が辛い物を食べたいと思ったこと、と遡り、最後に、生まれたときに膝を動かしたこと、へ行きつくかもしれません（白矢印）。この、原因の過去への遡及の道は、タイムマシンに乗れば辿れますが、最初の行動「膝の運動」から現在へ向かって同じ道を辿ることはできません。なぜなら、膝の運動の行動決定機構は時・空間的に不確定な複合体であり、タイムマシンで到着するたびに、いくら環境を同一にしても、その時・空間構造は異なり（丸、三角、台形）、その結果、それぞれが質の異なる行動を発現し、異なる行動決定機構を解発させ（点線矢印）、そして、それぞれの機構は、時・空間構造を変化させ（ひし形、欠けた丸、欠けた四角）、質の異なる行動を発現し……という過程が続くからです（黒矢印）。膝の運動から数年後、棒をむきに押す行動へ辿り着く道は、行動決定機構の不確定さに起因して、非常に多くの道のうちの奇跡的な一つとなるのです。

的に調和するため、たとえ外的環境を毎回同じに整えても、毎回異なってしまいます。すなわち、それら全体で構成される、膝の屈曲を実現する機構の空間的な範囲、すなわち空間的不確かさは、毎回異なります。また、時間とともに変質する［背中の刺激、膝の屈曲］という機構を、どれくらいの時間範囲で調和させ、一つの行動決定機構として機能させるのかを決めるのも、同様に自律的な作用なため、この時間範囲、すなわち、時間的不確かさも毎回異なるのです。

このように、「不確かな行動決定機構」の時・空間構造は、タイムマシンで戻るたびに毎回異なります。したがって、例えば、竹を折る行動から遡り、生まれたばかりの私の膝の屈曲へ達したとき、それは「くすぐったいけど気持ちがいいという感覚を伴う屈曲」かもしれませんし、「くすぐったくて不快という感覚を伴う屈曲」かもしれません。

すると、前者は「ほほえみ」を、後者は「泣く」を誘発するかもしれません。そして、小学二年生のとある夏の日の竹を折る行動に、前者は繋がり、後者は繋がらないかもしれません。このように、生まれた時の膝の屈曲が、数年後の竹を折る行動の原因になるとは限らないのです。なぜなら、私たちは、行動決定機構に従う機械ではなく、時・空間的に不確かな行動決定機構により作られる生きものだからです。

お父さんのお父さんの、お父さん

さて、少し脱線しますが、できごとを過去に遡れることと、それを現在へ向かって再生することの非対称性の例について、私が気に入っている例があるので紹介したいと思います。

もう何年も前、法事に連れて行った当時小学一年生の娘が、「ねえ、ひいおじいちゃんってなに」と私に聞くので、「おじいちゃんのお父さんだよ」と答えました。すると、「ふうん。じゃあお父さんのお父さんの、お父さんか。不思議だなあ」とつぶやきました。娘のこの発言を私は大変面白いと思いました。なぜなら、それは、「お仏壇の太田屋のテレビCM」の内容と同じだったからです。

そのCMは、YouTubeで見ることができます。動画を再生すると、少年がこうつぶやきます。「お父さんとお母さんがいるから僕がいるんだ。お父さんとお母さんは、おじいちゃんとおばあちゃんがいるからいるんだ。当たり前だけど不思議だなあ」

私は、この動画の内容について、非常勤講師として勤務する上田看護専門学校の学生さんにレポートを書いてもらったことがあります。題目は、「この少年はなぜ当たり前と思い、かつ、不思議だと思えたのか」でした。最も多かった解答は、概ね、「少年は先祖や子孫に関する知識はある。だから、自分、お父さん、おじいちゃん……と辿れることを当たり前と思える。しかし、遺伝や生殖の知識がない。だから、自分が、おじいちゃん、そのまたおじいちゃん……と生物学的な繋がりをもつことを知らない。そのため、先祖との繋がり感を持てず、不思議だと感じた」でした。すなわち、不思議という感覚は、知識不足に起因するというわけなのです。

私は、このような理路整然とした解答の多さに、正直、感心しました。そして同時に、驚きました。なぜなら、それはまったくの予想外の答えだったからです。そして、「では、知識を持っているのに不思議と感じる私はどうなるのか」と、私は採点しながら思いました。

少年は、お父さん、おじいちゃん、そのまたおじいちゃんと、仮想的に時を遡り、彼らを思い浮かべることができます。同時に、現実に時が進行する彼の思考過程では、思い浮かべられた祖先が、まるでエクトプラズムが発生するかのように、自分の体へ次々と連なっていく様子が思い描かれたのではないでしょうか。

その思い描かれた自分の姿は少し恐ろしく、それを否定したいのだけれど、祖先と繋がっていることは事実である。だから、その恐ろしい自分の姿を受け入れなくてはならないという葛藤が生じ、その解消として、不思議という感覚を生みだしたのではないか。少なくとも、私はそう思いました。

以上のように、できごとを思考の中で過去に遡ることは可能ですが、思い出されたできごとは、思い出されると同時に、現在のできごとにも紐づけされ、両者は混ざってしまいます。なぜなら、できごとを思い出すのは、現在に生きる私だからです。私たちは、記憶の中からあるできごとを掘り出すと、それを思い出として把握できるように処理します。その処理によって、思い出はどうしても「現代風にアレンジされたできごと」にならざるを得ないのです。

同じことは、例えば、発掘される化石にすら当てはまります。化石は、決して当時のままの姿ではないのです。現在に生きる発掘者が、土を削る、化石を磨く等の作業を加えるので、その姿には、必ず「現代風」が混入するのです。しかし、現在に生きる発掘者なしに当時の化石の様子を推測することは、もちろんできないのです。現在と太古が混じる姿。それが、「化石の姿」なのです。だから、化石を見ると、私は感慨深いだけでなく、なんとなく不思議な気分になってしまいます。

太田屋のCMは、私がお気に入りの、「当たり前だけど不思議な感じがする」例ですが、読者のみなさんはいかがでしょうか。もしわかりにくい場合、例えば、みなさんが幼少の頃のアルバムを開き、当時の自分の姿を眺める場面を想像してみて下さい。

みなさんは、写真の中の過去の自分に対し、純粋に懐かしさを感じると同時に、「これ、私なんだよなあ?」という、なんとも言えない違和感も覚えると思います。なぜなら、「これ、私なんだよなあ?」の「これ」は過去の私、そして、「私」は現在の私であり、写真を眺めるみなさんは、どうしても過去と現在の自分を紐づけ、混ぜてしまうからです。この違和感は、太田屋のＣＭの少年が感じる、「当たり前だけど不思議だなあ」と同じ種類の感覚だと思います。

このように、過去のできごとを、記憶された通りに再生することはどうしても不可能です。だから、私たちにとって、できごとの過去への遡及と再生は、どうしても非対称になるのです。余談ですが、「時間の非可逆性」は、このような人間の思考の処理過程に起因する自然な現象だと、私は思うのです。

超越的存在

小学二年生のとき、「私はもしかしたら機械なのではないのか」と考えた私は、二十歳くらいまで、その疑問に答えを出せないでいました。ただ、大学を含め、学校でさまざまな知識を得るにつれ、その疑問はより科学的な表現になりました。すなわち、「私の内部には行動を決定する機構が備わっており、私の行動はその機構に操られているのではないか。実際、私の体の構造（手足の形や目の色等）は、母親の子宮内において、私の意志とは無関係に、各細胞に含まれる生得的な構造決定機構（遺伝子の発現機構）にしたがって形成される。これと同様に、例えば、毎朝起き上がるときの首の角度が行動決定機構に入力されることによってその後一分間の行動が決まり、その行動の結果が新たに行動決定機構に入力されることで、その後一分間の行動が決定される、という過程が繰り返されているのではないか」となったのです。

更に、このような疑問を抱いてしまうのは、すなわち、「私たちは、私たちの意志とは無関係な機構によって行動するのではないか」と考えてしまうのは、「私たちが実際に、この体を何者かに操られているからではないか」「私たちが関与できない『超越的存在』によって、私たちは、あたかもチェスや将棋のコマのように操られているのではないか」「行動決定機構とは、超越的存在の思考過程なのではないか」と考えたこともありました。

ただ、この超越的存在の実在性についての疑問に対しては、答えをあっさりと出しました。もし私たちが超越的存在のチェスのコマならば、私たちはもうどうにも行動を自分自身で選べません。私たちにできるのは、超越的存在の選択をただ受け入れることのみです。ですから、超越的存在を認めれば、「私たちの行動は超越的存在が選択している。その選択が、私と世界の関わり方そのものである」という答えが得られます。「私は覚めない夢を見ているのではないか」という疑問に対し、覚めない夢を見ているのか否かを私たちは客観的な根拠に基づいては決められず、ただ、そうなのか否かを主観的な信念に基づいて選択することはできたのと同様、ここでも、超越的存在の実在性の可否は、「信念に基づく選択の問題」なのです。

私は、「超越的存在が実在し私の行動を選択するならば、私はそのチェスのコマなので、行動に関してもうどうにも選択の余地はない。受け入れるしかない。一方、超越的存在が実在しない場合、私たちは行動決定機構に従う機械である可能性を考えることになる。これについては、考える必要がある」と考えたのです。なぜなら、機械でないのに、機械であると言う人が現れる可能性があるからです。

機械であると言うだけならばよいでしょう。しかし、あたかも私たちが機械であるかのごとく言う人は、私たちが行動に関して間違いや失敗を犯したとき、「それは機械的機構に確率的に生じる誤動作である。その確率を極力下げるためには、部品交換や点検等の作業を行う必要がある。その作業を実施するための専門施設が必要である……」という、人間が車や電車と同じ機械であるかのような世界観を提唱し、それを進めようとするかもしれないからです。

しかしその世界観に基づく行為は、私たちが機械でない場合、事実と違うので、きっと現実の世界との間に問題を生じるはずです。例えば、私たちの失敗や誤動作は、何かを達成しようとした結果であるならば、何も手を下さないほうが、むしろ後の成功に繋がるはずです。多くの人が知っての通り、私たちは何度も転びながら、あるときふと、自転車に乗れるようになるのです。また、職場では、何度も失敗を繰り返すうちに、いつの間にか、後輩を指導する立場になるのです。そして、いつまでたっても時々失敗する先輩の方が、多くの人材を育成するような気がします。

にもかかわらず、あたかも私たちが機械であるかのように見なし、その失敗や誤動作を、部品交換や点検等によって強制的に直してしまえば、本来手に入れられるはずの成功を逃してしまうことになります。したがって、「私たちが行動決定機構に従う機械なのかどうか」は、「早急に考えなくてはならない問題だ」と思ったのです。

そして、私たちは、複数の行動決定機構を備え、それらは「調和」によって互いが存立する「時・空間的に不確かな行動決定機構」をもたらすと想定できるからこそ、「私たちは、決して機械としては想定できない」との結論に達したのです。

家族的行動決定機構

私たちは、「時・空間的に不確かな行動決定機構」を備えるからこそ、個体として、決して機械ではありません。不確かな行動決定機構をもたらす、多数の行動決定機構の集合体は、時・空間的に全体として調和し、行動を生成します。では、この「全体として調和する」機構とはどのようなものなのでしょうか。少々しつこいかもしれませんが、今後の議論のために、これまでの議論を復習しながら、考えていきたいと思います。

この不確かな行動決定機構では、ある特定の機構のみが働いているように見えても、同時に多数の余計な機構が働いています。にもかかわらず、これら余計な機構の行動が生成されないのは、それらが「行動の生成を自律的に抑制している」からだ、と考えるのが妥当でしょう。例えば、カレーを食べる私を見る観察者は、一つの機構、「カレー、食べる」が働いていると考えます。ところが、同時にさまざまな機構、［x、X］が働いていて、各行動を各機構が抑制しているのです。この自律的な抑制によって、多くの機構は行動を生成しません。

しかし、抑制とは言っても、活動はしているので、また、「カレー、食べる」とさまざまな［x、X］は、個体という一つの体の中にあり、互いに繋がりをもっているので、それら［x、X］の働きが、顕在しているカレーを食べる行動へ反映されるのは自然なことです。例えば、ある人はにこやかに、別の人は深刻そうに、カレーを食べるのです。すなわち、行動に「個性」が現れるのです。

私たちが生活するこの世界のあらゆる存在は、上記のような、「互いに異質な複数の行動決定機構からなる集合体」です。行動決定機構とは、原子、分子、細胞、組織、神経、器官、個体等、私たちが観察できるおよそすべてのモノゴトであり、観察の焦点によって変わるものの、集合体を構成する単位であることには変わりません。各機構は、活動の履歴や現在の環境が個別的なので、互いに異質です。そのような各機構が、あるときは自身の活動（行動の生成）を抑制して他の機構の活動を促進し、またあるときは、他の機構の自律的な活動の抑制に支えられ、自身の活動を促進し、それを集合体全体の活動として現します。このような各機構の全体的な調和は、各機構が相互にその状態を観察していないと実現できないでしょう。どの機構を、どれだけの時間観察するかは、各機構によって異なるでしょう。

個別的な行動決定機構からなる集合体。多くの読者のみなさんは、このような「不確かな集合体」の代表として、細胞を要素とする生物を想像するのではないでしょうか。私も同感です。また、生物と同様、例えば石のようなモノも、不確かな集合体の一つです。石の表面と内部の粒子ではその状態は大きく異なるでしょう。そして、それら粒子が独自の作用によって結合、あるいは離反しようとしているはずです。そのような相互作用が、事実として石において進行しているはずです。

このように、不確かな集合体として想定されるモノゴトは、人それぞれで異なると思います。ただ、この相互作用の様子は、おそらく複雑なので、なかなか具体的、あるいは容易に想像できません。私は、この相互作用が見えやすく、多くの人にとって想像しやすい集合体は、「家族」なのではないかと思うのです。

家族は、たとえ同じ空間で暮らしていても、各々の状態、すなわち、身体的、精神的特性が異なるメンバーから成る集合体です。また、各々の時間変化、すなわち、成長の仕方も異なります。このように、「時・空間的に異なる特性をもつメンバーたち」の間では、メンバーごとに異なる相互作用が生じているでしょう。

　私の家族は、私と妻、そして二人の娘から成り立っています。それぞれの特性はまったく異なりますし、相互作用も、例えば長女と私の間と、長女と妻の間では、まったく異なるでしょう。また、それらの相互作用は、メンバーの成長とともに変化するでしょう。このように、家族は、私たちにとって最も身近で、その相互作用を実感しやすい「不確かな集合体」の例なのです。

　そして家族は、そのメンバーが個別に、自由に活動できるにもかかわらず、全体的行動も円滑です。例えば、家族旅行で移動する場合、父母が主導的に動き、その他のメンバーは自由な活動を自律的に抑制する、といった現象がよく見られるでしょう。また、子供が受験となれば、他のメンバーは旅行の提案を控え、家庭全体が受験モードになるでしょう。このように、家族は、自由なメンバーが互いに行動を自律的に調和させることで、集合全体の行動を生成します。

　世界に存在する、あらゆる不確かな行動決定機構の集合体。それは、家族が備える、「個性的な構成員」と、「時・空間的に変化するそれぞれのメンバー間の相互作用」という特徴をもつため、「家族的行動決定機構」と呼ぶのが妥当だと思われます。

個性、柔軟性、自律性

不確かな集合体を家族的行動決定機構とみなすと、さまざまな特徴が見えてきます。一つは、集合体それぞれの違い、すなわち「個性」です。この個性は、前に述べましたが、家族的行動決定機構を想像することで、より明瞭に、そしてより容易に、その現れを理解することができます。

私たちは、家族それぞれに個性があるのを知っています（【図9】）。それは、メンバーが異なるという構造上の違いだけでなく、異なるメンバーが相互作用することによる、全体としての特性です。

私の家族は、春になると、他の家族とバーベキューパーティーをしばしば催します。各家族の様子を遠目に眺めると、それぞれに個性があり、思わず微笑んでしまいます。ある家族はなんとなく全体的に野性的で、別の家族はなんとなく落ち着いている。その個性は、家族のメンバーの個性には還元されない、集合体となって初めて現れる特徴です。

次に見えるのは、外界から受けるできごとに対する「柔軟性」です（【図9】）。メンバーが病気や怪我等に見舞われて機能を一時的に停止してしまっても、家族はその人を切り捨てることはなく、他のメンバーがその役割を補って変化し、その家族の個性が維持されます。

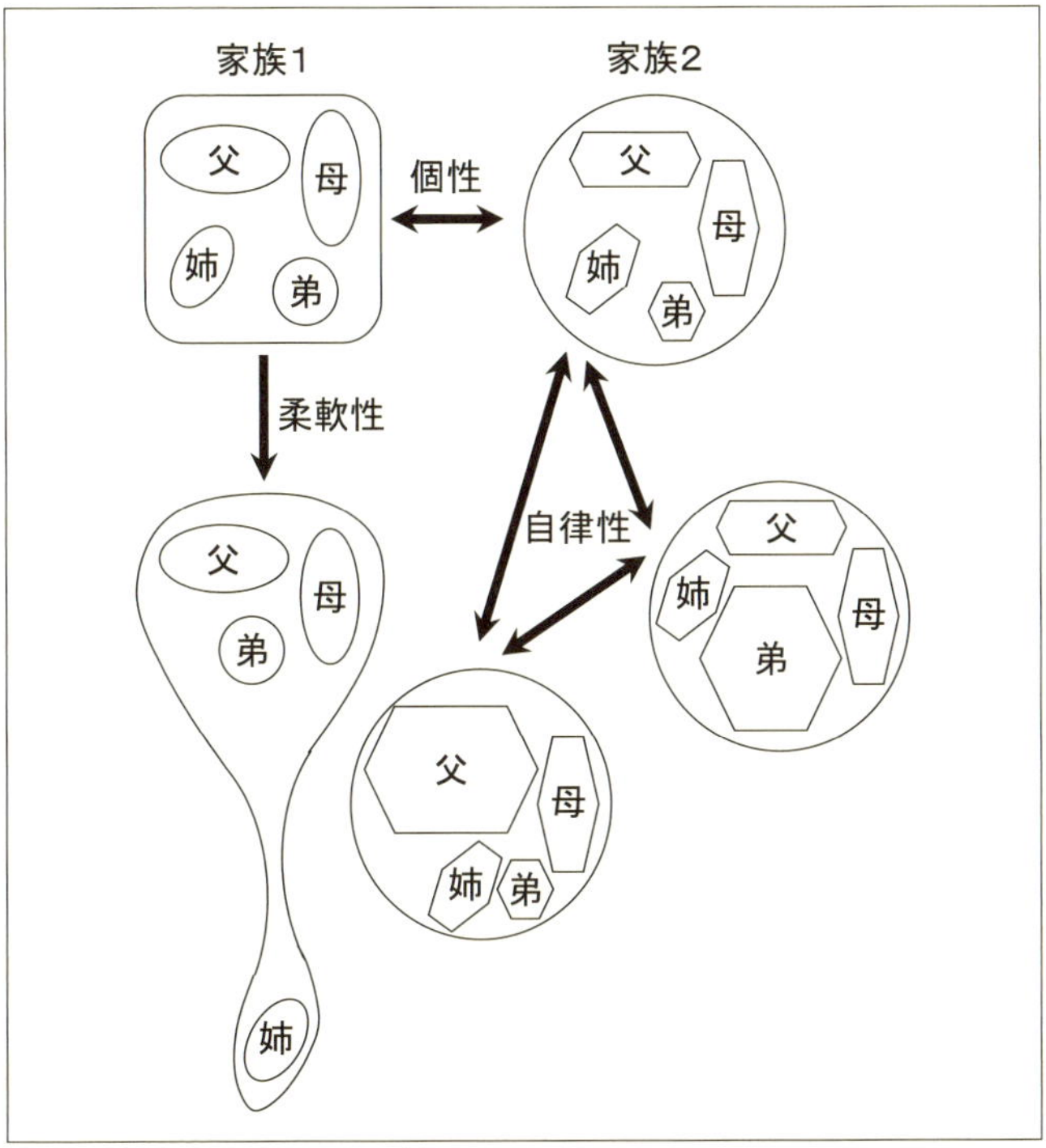

【図 9】 家族 1 と家族 2 それぞれは、個性をもつ父、母、姉、弟（形の違う楕円や六角形で表現）から構成されています。従って、両家族は構造上の違いとして「個性」をもちます。また、全体で醸し出される違いとしても、個性をもちます（家族 1 は四角、2 は丸）。家族 1 では、例えば姉が結婚という外的要因によって他の家族の一部となりましたが、メールのやりとりや里帰り等によって相互作用は失われません。このように、家族は自己拡張する「柔軟性」を有します。また、内的に変化する「自律性」も有します。例えば家族で旅行する場合、父親が目的地を決めることもあれば（父の大きな六角形）、弟が寄り道を提案することもあるでしょう（弟の大きな六角形）。そのようなときは、他の構成員は活動を抑制し、家族全体のまとまり（家族 2 の円の大きさ）が自律的に保たれます。

また、メンバーが結婚等によって他の家族の一員になったり、単身赴任等によって遠隔地で暮らしたりする場合、柔軟性はより顕著に見られるでしょう。例えば、遠隔地の大学へ入学した子供が親元から離れて一人暮らしを始め、家族と空間的、時間的に独立して成長し、異質性が大きくなっても、メールのやりとり等によって相互作用は決して失われないでしょう。また、帰省のような一時的な融合も問題なく生じるでしょう。このように、家族は柔軟に自己修復や自己拡張する機能を有します。

更に、外界からの影響によらない、内的に変化する「自律性」も有します（【図9】）。例えば、前述のように家族で旅行する場合、父親が主導的に動き、その他のメンバーは自由な活動を自律的に抑制することで、家族全体が統一され、方向を持った動きが実現されます。一方、誰かのちょっとした提案で寄り道することがあるでしょう。更に、目的地自体が変更されることがあるかもしれません。

このように、家族の運動の方向は一度決定されると固定されるわけではなく、内的な要因によって自律的に変化できるのです。そのためには、普段からメンバーそれぞれが互いを信頼し合い、それぞれの自由を尊重するという背景が必要でしょう。普段からギスギスしていては、家族全体の方向性が迅速に決まったり、また逆に、それが一部の提案によっていざこざもなく変更されたりすることなどあり得ないでしょう。

「異質な要素」が「異質な要素間相互作用」を形成する家族的行動決定機構は、構造として「個性」を、外界に対し「柔軟性」を、そして内的に「自律性」を有します。あらゆる存在は時・空間的に不確かな行動決定機構であり、これらの性質を有するはずです。時・空間的に不確かな行動決定機構は、家族的行動決定機構と呼ばれることで、その性質を瞬時に捉えられそうです。

家族的行動決定機構は「異質な要素」が組み合わさらなければ成立しません。組み合わさった後も、互いの異質性が維持されなければ、全体としてまとまりつつ、「個性、柔軟性、自律性」を備える集合体にはなりません。メンバーが互いの異質性を維持する家族は、構成員それぞれが「自由」であることで達成されるはずです。ただ、家族はまとまってこそ、家族と呼ばれるという側面も持ちます。

全体としてのまとまりと各人の自由は、字面だけを眺めると、相反する現象と思われます。ただ、現実には、地球上には数えきれぬ家族が成立しているのですから、家族全体のまとまりと各人の自由は、粛々と両立して進行しているはずです。

カニの群れ

家族全体のまとまりと各人の自由は、私たちヒトだけでなく、カニのような動物の群れでも実現されています。郡司ペギオ－幸夫氏（早稲田大学教授）は、動物の群れのような多数の個体が相互作用する複雑な系において、個の自由と集団のまとまりが共立する仕組みを、以前から独自の視点で研究されてきました。

氏の近著、『群れは意識をもつ　個の自由と集団の秩序』では、お笑いトリオのダチョウ倶楽部の「熱湯風呂コント」をヒントに考案された数理モデルが、沖縄の西表島《いりおもてじま》に生息し、数千、数万個体から成る群れを作って干潟の上を練り歩く「ミナミコメツキガニ」というカニにおける、各個体の自由な運動と、まとまった群れを両立する仕組みとして紹介されています。では、熱湯風呂コントとは、どのような内容なのでしょうか。

このコントでは、ダチョウ倶楽部の三人、肥後、ジモン、そして竜兵のうち、誰かが目の前に置かれた熱湯風呂へ入らなければなりません。もちろん、誰も入りたくないので、押し付け合いが始まります。しかし、やがてリーダーの肥後が、「わかったよ。まあ、芸人としては、目立てるんだから、それはそれでおいしい。よし、オレがやるよ！」と手を挙げます。すると、ジモンも、「いや、それならオレがやるよっ」とむきになって手を挙げます。最後に、残された竜兵が、渋々と、「じゃあ、オレもやるよ」と手を挙げます。すると、間髪入れず、肥後とジモンが「どうぞどうぞ」と引き下がり、竜兵に熱湯風呂へ入る役を譲る、というより、「見事に押し付ける」のです。

郡司氏らの研究チームは、群れの中のミナミコメツキガニ個体を観察した結果、個体それぞれが、肥後やジモンのような、「身を引くことを前提に、積極的に手を挙げる役」と、竜兵のような「皆がやるならと、消極的に手を挙げる役」を適当に使い分けていると予想し、そのような性質をもつ仮想のカニをコンピュータ内にばらまき、様子を観察しました。すると、仮想カニは、自分の動きを自由に決めながらも、野外における実際のカニの群れのような、まとまって練り歩く集団を作ったのです。

各仮想カニは、自由に目的地点を決め、そこへ向かって動くことを繰り返します。しかし、カニは大量にいるため、複数個体が同じ地点を目指す場面が頻繁に生じます。例えば、三匹のカニが同じ地点を目指そうとしているとします。この場面を、ダチョウ倶楽部の三人が熱湯風呂を前にハイハイと手を挙げている場面と同様と考えます。すると、二匹の仮想カニは、「どうぞどうぞ」と言わんばかりにすっと行先を変えて別の地点へ向かい、残りの一匹が、風呂へ入らざるを得なくなった竜兵のごとく、その目的地点へ「至ってしまう」のです。

このように、各仮想カニは、自由に行先を決め、あるときは肥後・ジモン役、あるときは竜兵役になることで、衝突せず、運動を続けるのです。そしてこのような集団が、結果として、適度にまとまり、同時に、各カニが自由な運動を実現できる群れを形成するのです。

家族的行動決定機構は、メンバーが自由で、かつ、全体がまとまっていることを特徴とします。

その背景には、メンバー同士の普段からの「手放しの信頼」、「自由であることの尊重」があります。ダチョウ倶楽部モデルは、家族的行動決定機構の要である「手放しの信頼」や「自由の尊重」といった仕組みを説明する、最も単純な原理なのではないかと、私は考えています。

デンサー節

ところで、家族のまとまりは、各人が自由であることで実現されるにもかかわらず、家長がメンバーの行動を厳しく取り締まることで、家族全体のまとまりを実現しようとするという方法論を耳にすることがあります。ただ、そのようなまとまりは、字面上のまとまりの実現なので、まとまった家族が実現されていても、その特質である「個性、柔軟性、自律性」が備わっているとは限らないでしょう。

家長が取り締まることでまとまる家族では、例えば、結婚等によって家を離れた子供は帰省しなくなる、せっかくの旅行でも寄り道一つしないで目的地との間を往復するだけ等、前述の「柔軟性」や「自律性」が損なわれていることがあるのではないでしょうか。

家族のメンバーの自由が、家族のまとまりを実現する。この原理が自然な現象ならば、自然に伝承されてよいはずです。沖縄県内で歌われる八重山地方の民謡「デンサー節」は、まさに、この原理を継承するための伝承歌です。

私がデンサー節を知っているのは、二〇〇八年に、亜熱帯地方に生息する、前節で紹介した「ミナミコメツキガニ」の行動の共同研究を始め、それから二〇一五年までの毎年、西表島で二週間ほど実験を行ってきたからです。昨年（二〇一六年）は研究の都合上、沖縄本島の瀬底島《せそこじま》で実験しましたが、本島のミナミコメツキガニも、西表のカニと同様、干潮になると干潟の上で群れを作り、その体はきれいなコバルトブルーを呈していました。

西表島を訪ねるには石垣島から船に乗る必要があります。西表には港が二つあり、一方は北部の上原港、他方は南部の大原港です。私たちは、研究で島を訪れる場合、琉球大学の西表研究施設に近い上原港に到着する船を使います。その上原港の船の待合室の中の壁の一つに、デンサー節が書かれた大きな額が飾られています。初めて島に来た時から、この額には気づいていましたが、特に興味は湧かず、その後数年間、足を止めて読むことはありませんでした。

初めて立ち止まって読んだのは、二〇一四年の夏です。この年、私は四月一日から九月三〇日までの半年間、島に滞在し、じっくりとミナミコメツキガニの研究に取組みました。家族も、八月三一日まで一緒に過ごしてくれました。子供たちは、島の上原小学校で、一学期と夏休みの間だけお世話になりました。このように気持ちにゆとりができたある日、私は待合室の壁の前に立ち、デンサー節に何となく目を通してみたのです。

壁には、沖縄方言で書かれた歌詞の横に、内地の言葉（共通語）の訳が付けられていました。初めから読んでいくと、この歌は、この世で美しく生きていくための教訓歌であることが推測できました。そして、次に紹介する一節に差しかかると、そこにはそれまで私が出会った常識とはまったく違う考え方が示されていて、とても新鮮で、そして妙に納得した気分になったのです。その一節は以下の通りです。

親子美《ウヤファカイ》しゃ子《ファ》から
（親子の良い関係は子の理解が先で）
兄弟美《カイ》しゃ　弟《ウトウドウ》　から
（兄弟の良い関係は弟のあり方による）
家内《キナイム》持つ美《ツイカイ》しゃ　嫁《ユミヌ》の子《ファ》からデンサ
（家庭円満な関係は　嫁の育てる子の理解と調和である）

括弧内の訳は訳者によって異なるので、私はあまり参考にしませんでした（もちろん、どの訳もみなさんにとってよい参考になります）。それよりも、歌詞を字面通り「親子の美は子から、兄弟の美は弟から、（おそらく三世代以上の）家庭の美は嫁の子から」と読んで気づくのは、しばしば耳にする「年配の者が年少の者の手本にならないと、集団はうまく機能しない」というトップダウンの世界観とは違うという点です。

「子から、弟から、嫁の子から」の部分は、「子や弟や嫁の子から、厳しく躾なさい」という意味ではないでしょう。では彼らからどうするのか。それは、そのような年少者を「率先して気分よくさせておけ」ということなのではないかと私は思ったのです。ただ、それは「甘やかせ」というのとは違うでしょう。私は、「彼らを自由にさせておけ」と言っているのではないかと思うのです。

年長者に比べてわがままな年少者を自由にさせておくと、彼らが属する集団は騒がしく無秩序になるはずです。しかし、実際には、彼らは彼らで勝手にまとまって何かをし始め、集団は暗黙の秩序の下、まとまるのが常でしょう。

例えば、正月に親族が集まり、普段顔を合わせない子供たちが無秩序に騒ぎだしても、やがて彼らは、あちらではボードゲーム、こちらではトランプと様々に遊びだし、そして大人の女性はお茶、男性はお酒と、それぞれが勝手にまとまり、そして全体が、自律的にまとまるのです。このとき、どのメンバー、そして小さな各集団も、自由、すなわち個性が保たれています。「子供は外で遊んで来い！」と怒鳴る必要はないのです。

ただ、現実には、怒鳴りたくなる瞬間があると思います。そこを少しだけ我慢すると、自律的なまとまりが、やがて実現されます。我慢の秘訣は、やはり普段からの互いの手放しの信頼と自由の尊重でしょう。その信頼と尊重は、互いを自由にしておき、うるさいことは言わないという態度によって、鍛え上げられるのだと思います。

家族、あるいは家族的集団のメンバーは、異質という自由をもち、相互作用し、そして集団として自律的にまとまるのです。このような状態を、デンサー節では「美しい関係」とよんでいるのではないかと思うのです。八重山の人々は、異質のまとまりを自然に知り、それを忘れがちな人間の脳を牽制するために、デンサー節を作り、そして伝承しているのではないかと、私は考えています。

国という家族

「デンサー節が唱えているのは『家族的行動決定機構』である」と気づいたのは、実は、先日、妻が借りてきたレンタルDVDを見たときでした。借りた何枚ものDVDの中から何となく選んだのは、マイケル・ムーア監督の作品「WHERE TO INVADE NEXT（世界侵略のススメ）」でした。映画は、突撃取材で有名なムーア監督が様々な国を訪れ、その国のよいところを見つけ、その方法論を自国アメリカへ持って帰るという内容でした。

最初に訪れたイタリアでは、アメリカと違い、長期間の有給休暇が当たり前に設定されていることに感銘を受けた監督が、ぜひその制度をアメリカへ持って帰ろう！ と言って締めくくられていました。アメリカの労働条件の厳しさを改めて知りましたが、日本でも、製造業では比較的有給休暇は取得しやすいはずなので、あまり目新しさを感じませんでした。もしかして、期待外れの映画かなと思いましたが、それは早とちりで、次々と興味深い国が紹介されました。

ネタばれにならないよう、映画の公式ホームページで公開されている内容に限って紹介すると、「麻薬使用が犯罪にならない国　ポルトガル」、「ナイフを所持しているノルウェーの囚人（罪状は殺人）　しかも牢屋は一軒家」、「宿題がない国フィンランド　しかし学力トップクラス国家」といった具合です。

これらの例を見ていた私は、「これらはいずれも、国が、麻薬中毒者の撲滅、犯罪の抑止、そして学力向上という目的を遂行するために、支障となりそうな麻薬使用者、囚人、学力の低い学生の行動を制限、矯正しようとしたのではなく、むしろ自由にすることで彼らの行動が柔軟に変化することを信じ、結果として国という集団の目的が自律的に達成された例だな」とピンときたのです。

そして、「これらの国は、『家族的行動決定機構』そのものではないか。メンバーの異質性が許され、それによって国という全体の個性、柔軟性、自律性が自然に達成されるのだから。そういえば、家族の中で、子供のような力の弱い者が家族の美しさを作る、みたいな歌を前にどこかで聞いたなあ……。あ、思い出した！　それはデンサー節だ！」。このように、デンサー節と家族的行動決定機構が結びついたのです。そして、「これらの国では、国民が家族として明示的に扱われている。国は家族。そうか、『国家』とはそういう意味なのだな」と思ったのです。

ポルトガルの麻薬対策

前述のすべての例が大変興味深いので、どれも紹介したいのですが、長くなってしまいます。どうしたらよいかと困りながらインターネットでキーワードを検索していると、ポルトガルの麻薬対策の話が、ＴＥＤカンファレンスのホームページ上で紹介されていました。以下に、その講演者、ジョハン・ハリさんの話された内容を、転載します。

「アリゾナの女性囚人グループは、『私は元薬物中毒者です』と書かれたＴシャツを着せられ、通りすがる人に野次られながら、集団で墓を掘っていました。この女性達は、出所後も前歴のせいでまっとうな仕事に就くことができません。この囚人たちの話は特に極端な例ですが、ほぼ世界中どこでも、依存症の人はある程度、同様の扱いを受けます。罰せられ、さげすまれ、前歴をつけられます。この仕組みは、再び人と繋がれないような障壁を作ってしまう制度なのです。カナダのギャボー・マテ博士という医師は、『薬物依存症の現状を更に悪くする仕組みを作りたければ、この手の仕組みを作ればいいんだ』と言いました。

一方、この仕組みとまったく逆のことを行った国がありました。それがポルトガルです。ポルトガルでは、二〇〇〇年において、ヘロイン中毒者が人口の一％にまで達していました。そして、上記のようなアメリカ式の対策を年々強化していきました。すなわち、刑罰を科し、中毒は恥とさげすんだのです。しかし薬物中毒問題は年々悪化しました。

そこで、当時の首相と野党の党首は、科学者や医師から成る委員会を作り、真の解決を模索し始めました。そして、ホアオ・グラオ博士を筆頭とする委員会が下した結論は、『マリファナから覚せい剤まで、あらゆる薬物を非犯罪化する。しかし、今まで依存症患者を社会から切り離し疎外するために費やしてきた金は、患者を社会に再び迎え入れるために使うこととする』でした。

ポルトガルでの最大の対策は、『依存症の人に雇用機会を与える超大規模なプログラムと、起業したい依存症患者への小額融資』でした。例えば、元々整備士だった人が働けるまでに回復した場合、修理工場にこの人を紹介し、雇用主に、一年間雇えば賃金の半分を負担する、と働きかけます。目標は、国中の依存症患者全員が、もれなく朝起きてベッドから出る理由を持つことでした。ポルトガルで依存症の人と話したとき、人生の目的を再発見できたとか、広い社会での人間関係や繋がりを再発見できたといった声を聞きました。

この実験が始まって十五年経つ現在、ポルトガルにおける注射器系の薬物使用は、英国犯罪学会の発表によれば、かつての五〇％で、薬物の過剰摂取、ＨＩＶ患者も大幅に減りました。薬物依存は大幅に減少したのです」

モノ、個人、国、そして、デンサー的行動決定機構

ポルトガルの麻薬対策の中で最も思い切った行為は、あらゆる薬物を非犯罪化したことです。それは、「国民よ、自由に振る舞え！」という、行政による上から目線の統治ではなく、「どうぞご自由に」という「誘い」でしょう。雇用の確保も、ただ自由であることから生まれる、無理のない、当然の行為でしょう。集団のメンバーの異質性、自由さえ確保しておけば、あとは自律的にまとまりのある集団になるのです。それは、前節の最後の方に出てくる、依存症の人の「広い社会での人間関係や繋がりを再発見できた」という声が象徴しています。

メンバーの異質性を維持すれば、メンバー間の異質な相互作用は自然にできあがり、それが、集団のまとまりの、そして、柔軟性、自律性の「潜在力」になるのです。ホアオ・グラオ博士は、どうしてこのような思い切った考えを提案できたのか。私は、彼は生物全般の行動学、社会学にも明るく、この対策をもうだいぶ前から思いついていたのではないかと、推測しています。

「ナイフを所持しているノルウェーの囚人（罪状は殺人）　しかも牢屋は一軒家」、「宿題がない国フィンランド　しかし学力トップクラス国家」も同様の例です。ノルウェーでは、殺人によって収監された囚人が、他の囚人と共同の調理場でナイフを自由に使って調理していました。思わず笑ってしまったのは、各囚人が牢屋（というより、自室）のカギを自分で持っていることです。牢屋のカギと言えば普通看守が腰からジャラジャラとぶらさげているものでしょう。ＤＶＤを見ているときには「どこが囚人なんだ！」と思わず画面に向かって突っ込んでしまいました。それでいて、ノルウェーは再犯率が世界的に低いのです。

フィンランドでは、小学生は、長い夏休み期間、宿題を課せられないようです。学校が始まっても下校時刻は三時で、全国共通テストがないそうです。そして、子供たちの学力は世界的に高いのです。

これらの国で起こっている集団のまとまりが、私たち個人においても、そしてモノにおいても実現されているはずです。なぜなら、いずれも異質な要素からなる集合体だからです。これらの国で実施された様々な政策は、個人やモノにおけるまとまりの機構の比喩ではなく、「機構そのもの」なのです。

モノ、個人、国。そこには個性、柔軟性、自律性が見られるはずです。なぜなら、それらはみな等しく、「家族的行動決定機構」だからで、すなわち「生きもの」なのです。

「私の外側に世界などなく、私は一生覚めない夢を見ているのではないか」。「私は世界の中で、自分の意志で行動していると思っているが、実際は神のような超越的存在に操られているのではないか。あるいは、超越的存在ではないにしても、私の内部には行動を決定する機械的機構が備わっており、私の行動はその機構に操られているのではないか。すなわち、私は機械なのではないか」。

自分と世界との関係を考察すると陥ってしまいがちなこれらの問いへ答える取組みの結果、私が得た答えは「私は、多数の行動決定機構を備えるがゆえに、全体として機械にはなりえない、個性、柔軟性、自律性を備える家族的行動決定機構である」でした。

ただし、この家族とは、デンサー節が唱えるような各自の自由、特に、集団内で、社会的、肉体的、精神的な力の弱い構成員の自由が実現されている、「手放しの信頼と自由の尊重」に支えられる集合体です。この特徴を強調するならば、家族的行動決定機構は、「デンサー的行動決定機構」と呼んでよいでしょう。デンサー的行動決定機構を備える集合体の良い例が、「麻薬使用が犯罪にならない国ポルトガル」「囚人がナイフと牢屋のカギを所持しているノルウェー」「宿題がない国フィンランド」でした。どの国でも、メンバーである国民の、特に、社会的に力の弱い人々の自由、異質性が、国のまとまりを実現しています。

ここまで、様々な例を挙げながら、世界と私たちの関係について考察してきましたが、いかがだったでしょうか。このあとに続く第二章では、「言葉とは何か」を考えます。なぜなら、私たちは、言葉によって世界と関わるからです。

考察の結果見えてくるのは、私という話し手と、あなたという聞き手の間で不断に続く言葉の意味の勝手な思いつき、あるいは思い込み、すなわち、「意味の創発の過程」です。私とあなたは、言葉のやり取りによって、その意味を伝達し合うわけではなく、意味を創発し合うのです。

ここでも、お互いが、相手の創発を受け入れるゆとりをもつことが重要です。この、相手の創発を受け入れるゆとりによって、創発合戦は、単なる独り言のつぶやき合いという病的過程ではなく、変幻自在な、ある意味、芸術的な過程となるのです。

第二章　言葉とは何か

意思の伝達

言葉は、聴覚的、視覚的、そして点字のように触覚的に表現されます。私たちは、言葉を使うことによって、例えば自分の意思を相手に伝えることができます。私がりんごの皮をむいているときに電話が鳴り「誰か取って」と言い、あなたが電話に出てくれると、私は「ありがとう、助かった」と言うでしょう。このとき、言葉「誰か取って」を使うことによって、意思「電話に出てほしい」はあなたへ伝わったと言えます。

ところで、実体のない「意思」はどのような仕組みで相手へ伝わるのでしょうか？ そして、言葉はなぜ意思を伝えることができるのでしょうか？ 言葉とは何かを考えるとき、どこから（文法から？ 単語の成り立ちから？）、どのように（言語学的に？ 人類学的に？）アプローチすべきかを考えだすと、思考は逡巡し、一向に前へ進めなくなります。

であるならば、興味を持った部分を出発点として、まずは考えを進めるのが得策でしょう。私は、「言葉はなぜ意思を伝えることができるのか」という問いを出発点とし、言葉とは何かを考

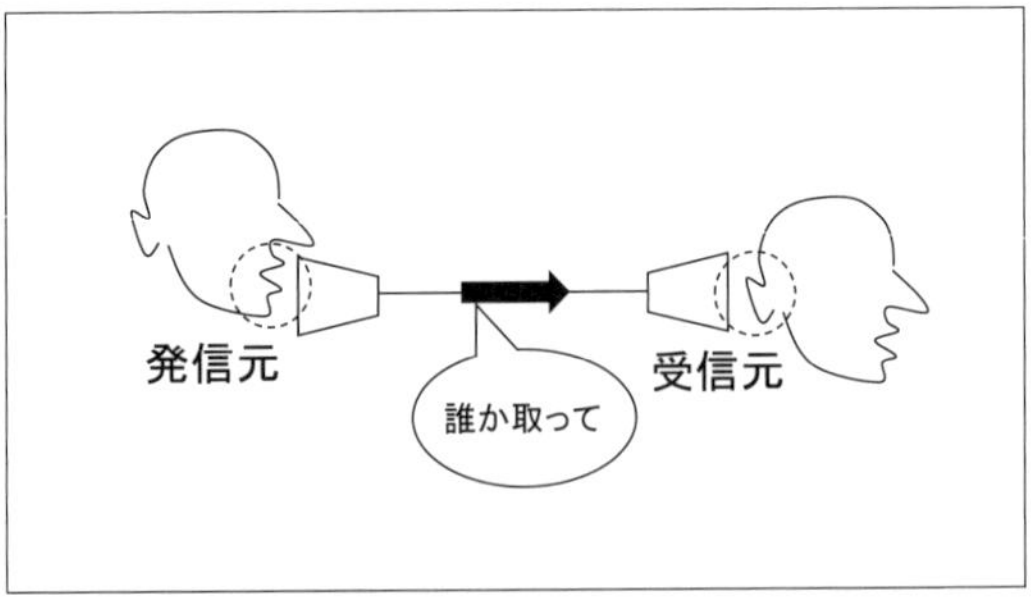

【図10】「物理現象の伝達系」は、「糸電話」です。発信元である口から出る言葉「誰か取って」は、糸という媒質を介して受信元である耳へ達します。

えていくことにします。なぜ言葉とは何かについて考えるのか。それは、私たちは、言葉によって、世界、すなわちモノゴトを表現し、そして、言葉によって、ヒトと相互作用し、そして理解を図るからです。

　さて、前述の例において、意思「電話に出てほしい」が伝わる過程は、物理現象である音や光が伝わる過程とは異なるでしょう。例えば、私の口から出る言葉「誰か取って」は、音という物理現象であり、これが伝わる過程とは、発信元である私の口で生じた振動が空気という媒質を振動させ、その媒質の振動が受信元であるあなたの鼓膜を振動させるまでの出来事です。

　このように、音に代表される物理現象の伝達系は、発信元と受信元が媒質を介して繋がる「糸電話」です（【図10】）。そして、伝達とは、発信元で生じた物理現象が、媒質を介して受信元へ達する過程です。

　一方、意思の伝達系は、糸電話ではありません。意思の伝達過程は、意思の発信者の脳（発信元）が生成した意思に関する活動が、発信元と受信元（受信者の脳）を直接繋ぐ糸のような媒質を介し、受信元へ達する出来事ではないのです。一体、意思はどのように伝達されるのでしょうか。そして、意思の伝達系に含まれる言葉の伝達系は、意思の伝達にどのように関わるのでしょうか。

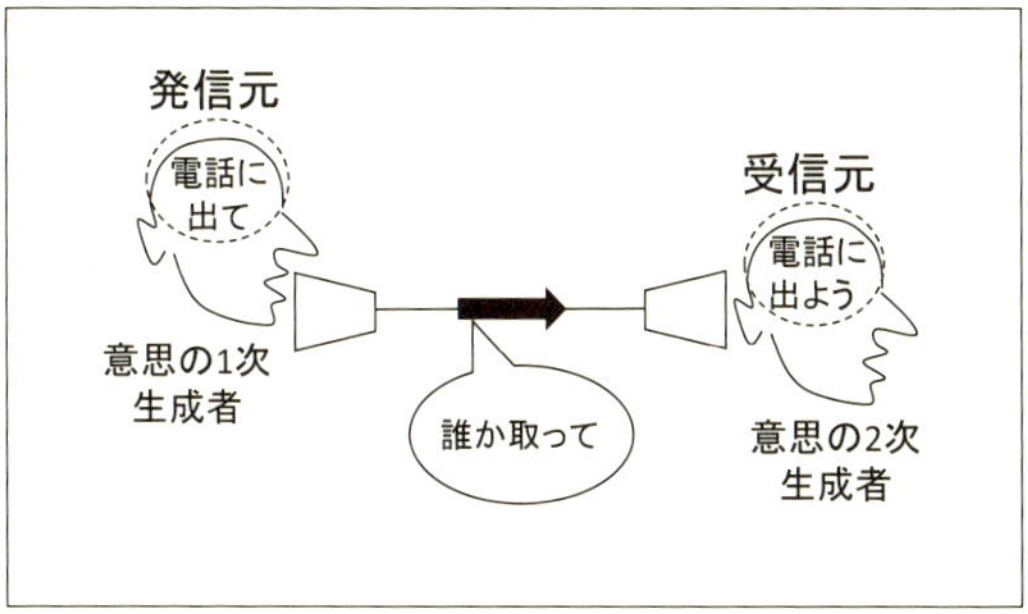

【図 11】「意思の伝達系」において、発信元は「意思が言葉を生成する脳内活動」、受信元は「言葉から意思を生成する脳内活動」です。例えば、意思「電話に出て欲しい」が、言葉「誰か取って」を生成します。そして、受信元は、言葉「誰か取って」から、意思「電話に出よう」を生成します。意思の発信者は「意思の 1 次生成者」、受信者は「意思の 2 次生成者」です。

意思の発信者が発する言葉は、その脳内で生じる意思によって生成されるはずです。例えば、意思「電話に出て欲しい」が、言葉「誰か取って」を生成します。そして、その意思の受信元の脳は、「糸電話式」に受け取った言葉「誰か取って」から、意思「電話に出よう」を生成します。

このように、意思の伝達過程において、発信元は「(自発的に生じた)意思が言葉を生成する脳内活動」、受信元は「(受け取った)言葉から(新たな自発的)意思を生成する脳内活動」です(【図11】)。

ところで、この両者において、一つ気がか

りな点があります。それは、「受信元において生成される意思」です。受信元において、意思は発信元から受け取った言葉から「自発的に」生成されます。ある言葉から生成される意思が決まっているならば、それは意思ではなく、機械的な「反応」でしょう。この、受信元における意思の自発性は、「発信者の発した言葉に込められた意思とは無関係に」、少なくとも、それを確認することなどなしに、生成されることを意味します。

したがって、意思の伝達過程におけるその発信元と受信元は、改めて、糸電話のような物理現象としての伝達過程の発信元と受信元のような発信・受信の関係にはないのです。意思の発信者は「意思から言葉」を、受信者は「言葉から意思を」生成する者であり、時間的先後関係を考慮すると、前者は「意思の一次生成者」、後者は「意思の二次生成者」と言えます（【図11】）。

意思の伝達感

以上の考察をまとめると、意思の伝達系では、意思の一次生成者、二次生成者は、それぞれ言葉の発信者、受信者としては、（空気のような）媒質を介して繋がっていますが、それらの脳内過程は独立です。そして、一次生成者が意思を基に生成した言葉に対し、二次生成者がどのような意思を生成するかはわからない、ということが、言葉を介する意思の伝達系の基本的な特徴です。

意思の伝達系において、二次生成者は、一次生成者から受け取った言葉を基に勝手に意思を作り出します。したがって、一次生成者において生じた意思を反映する意思が、二次生成者において作られた場合、それは「偶然」なのです。私の発する「誰か取って」という言葉によって、あなたが「電話を取る」という意思を作るのは、意外に当たり前ではないのです。

また、一次生成者は、二次生成者がどのような意思を生み出したのかを尋ねはしません。私（二次生成者）の発言「誰か取って」を受け、あなた（二次生成者）が電話を取ってくれた際、私は「よかった、『電話に出て欲しい』という私の意思が伝わったのですね」などとあなたに確認しないでしょう。したがって、あなたが「私の意思を反映した意思」を生み出したのかどうかなど、わからないのです。にもかかわらず、「言葉によって意思が伝達される」という言説が広く受け入れられるのはなぜでしょうか?

この疑問に対し、読者のみなさんはこう答えるかもしれません。「私たちは、意思の伝達系で現実に起こっていることなど知らないままに言葉をやり取りする。だから、そのような疑問などそもそも持たない。現実の言葉のやり取りでは、私が、あなたに意思が伝わったと感じさえすれば、意思が伝わったことになる。だから、『言葉によって意思が伝達された』と素朴に思えるのだ」と。

私は、この回答に半ば賛成ですが、半ば再考を加えたいと思います。賛成の部分は、「私が、あなたに意思が伝わったと感じさえすれば、意思が伝わったことになる」の部分です。私は、あなたが「私の意思を反映した意思」を生み出したのかどうかなどわからないままに「ありがとう」と言うのです。この「ありがとう」は、意思が伝わったと「感じた」から発せられる言葉でしょう。

一方、再考したい部分は「私たちは、意思の伝達系で現実に起こっていることなど知らないままに言葉をやり取りする」の部分です。私たちは、意思の伝達系で現実に起こっていることを知っているのではないでしょうか。より正確には、それを「感じつつ」言葉をやり取りしているのではないでしょうか。すなわち、私たちは、前述のような「ありがとう」を、「相手に意思が伝わったかどうかわからない不安」を感じながらも、発するのです。

この不安を解消する手立てなどありません。だからこそ、この不安は、意思が伝わったという無根拠な感覚、「意思の伝達感」へと昇華させられるのではないでしょうか。「ありがとう」という言葉は、感謝の気持ちからだけでなく、この「後付けの意思の伝達感」も加わって発せられる言葉だと思うのです。

創発型コミュニケーションと状況依存型コミュニケーション

言葉による意思の伝達とは、「言葉の受信者がその発信者から発せられた言葉に対し勝手に意思を生み出し、言葉の発信者が勝手に意思の伝達感を作り出す過程」でした。この過程を考察することによって、私たちは、物理的接点を持たない発・受信元の間の伝達機構を知ることができました。

発・受信元が、空気や水といった媒質によって繋がっている音や光といった物理現象の伝達と異なり、言葉による意思の伝達では、発信者の脳（発信元）は意思から言葉を、受信者の脳（受信元）は受け取った言葉から意思をそれぞれ「創発」し、最後に発信者の脳が「意思の伝達感」をでっちあげるのです。

読者のみなさんは、言葉による意思の伝達は、言葉のやり取りの典型例、すなわち「言葉によるコミュニケーション一般のモデル」であることに気づいているでしょう。言葉によるコミュニケーションでは、その発・受信者間で「意思」が伝達されますが、より広くは「意味」が伝達されるといえます。私は、「発信者が意味から言葉を、受信者が受け取った言葉から意味をそれぞれ創発し、最後に発信者が意味の伝達感をでっちあげる過程」が言葉によるコミュニケーションであると考えます。本書では、このような考えに基づくコミュニケーションを「創発型コミュニケーション」と呼ぶことにします（【図12】）。

一方、それぞれの言葉には（その言葉が）使用される「状況」に応じた幾つかの意味がそもそ

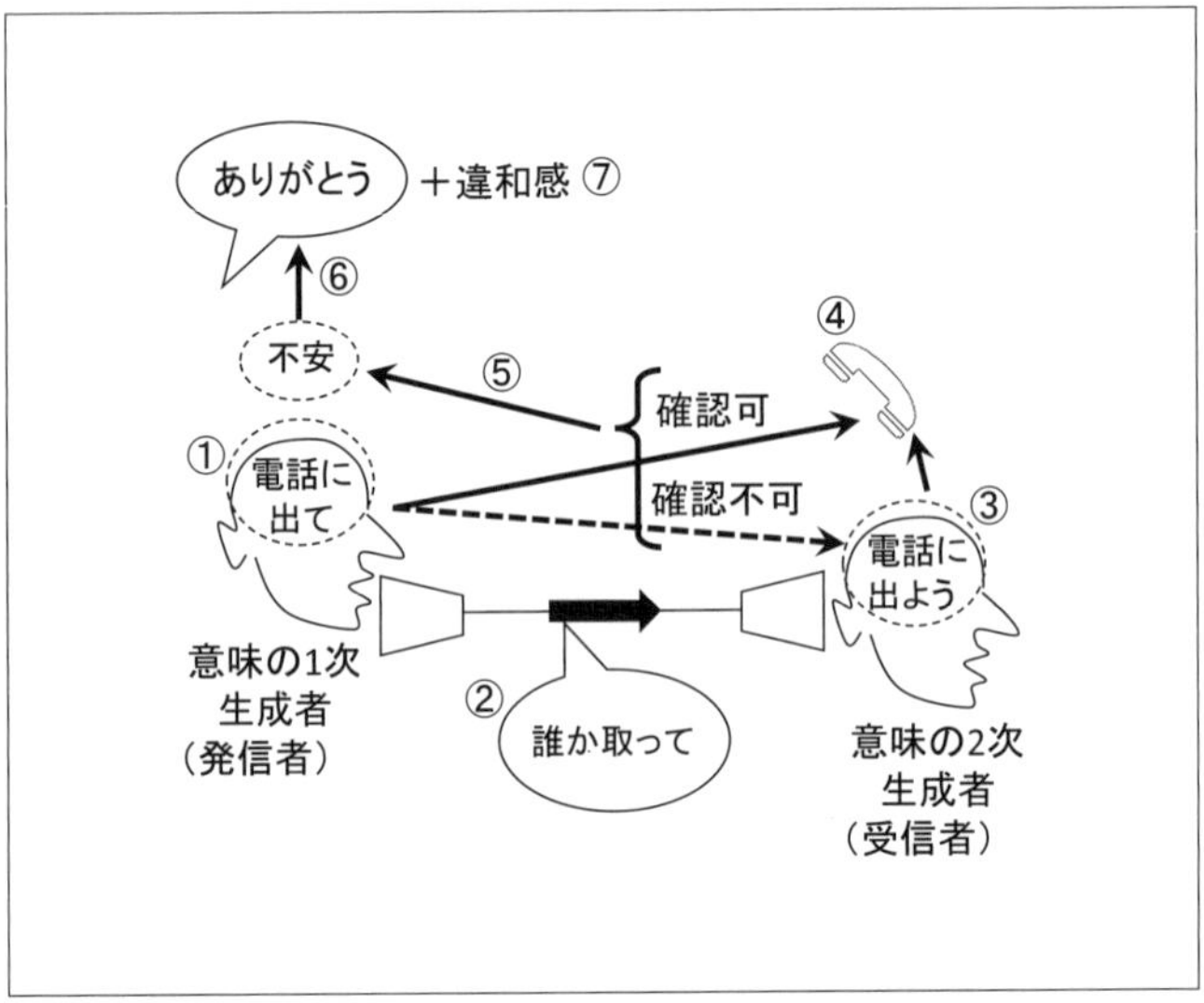

【図 12】 創発型コミュニケーションの様子。発信者は脳が発した意味（①）から言葉を創発し（②）、受信者は受け取った言葉から意味を創発し（③）、行動します（④）。発信者は受信者の行動を確認できるが、意味を確認することはできないため、不安が生じます（⑤）。この不安を昇華させるため、発信者は「意味の伝達感」をでっちあげ、ありがとうと発言するのです（⑥）。ただし、意味のでっちあげの無根拠さに対する新たな不安感が生じるため、ありがとうと言いつつ、違和感も生じます（⑦）。

も備わっているという考えもあるでしょう。例えば、言葉「誰か取って」の意味は、誰かが樹木の枝を指差す状況では「引っ掛かったボールを取る」、台所からシューという音が聞こえる状況では「やかんのフタを取る」です。この考えの下では、コミュニケーションとは「発信者が状況に即して意味から言葉を『選択』し、受信者が状況に即して受け取った言葉から意味を『選択』する過程」となります。

前述の例は、「りんごをむいている時に電話が鳴るという状況」に即して「電話に出てほしい」という意味を持つ言葉「誰か取って」を私が選び、その言葉を受け取ったあなたは、同じ状況に即し、意味「電話に出よう」を選択する過程です。本書では、このような、状況に即した意味の存在を前提とするコミュニケーションを「状況依存型コミュニケーション」と呼ぶことにします（【図13】）。

状況依存型コミュニケーションと異なり、創発型コミュニケーションでは、言葉に意味がそもそも備わっているとは見なされません。その過程は、意思の伝達過程と同様です。まず言葉の発信者において「意味」が自発的に生じ、続いて言葉が創発されます。次に言葉を受け取った受信者において新たな「意味」が創発され、これを契機に（言葉の生成も含めた）行動が生成され、その行動に対し発信者が勝手に「意味の伝達感」を感じるのです。

伝言ゲーム

私たちのコミュニケーションが基本的に創発型であることは、私たちが「伝言ゲーム」を楽しめることが示しています。例えば、「誰か取って」を伝言する場合を考えましょう。

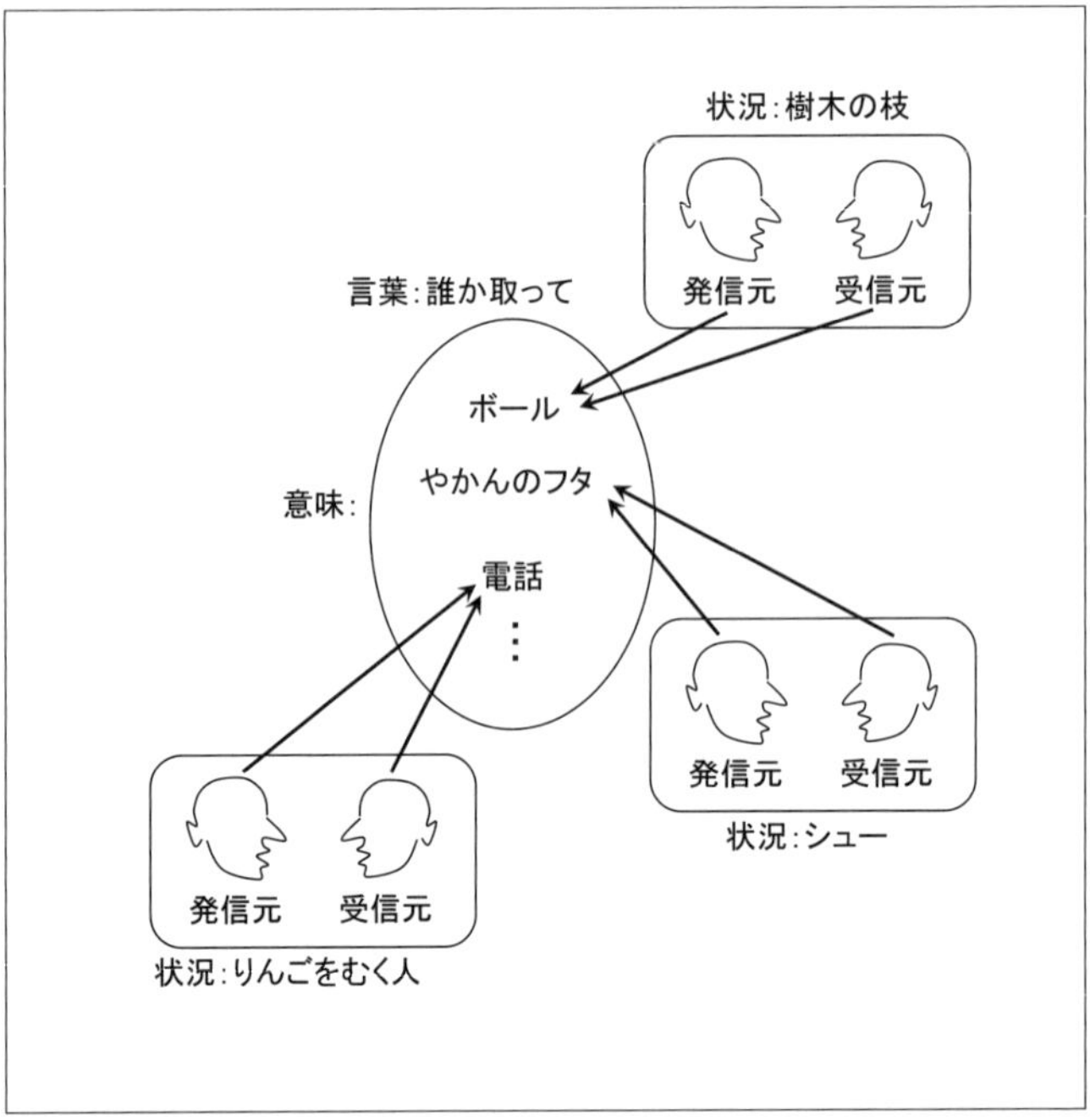

【図13】　状況依存型コミュニケーションの様子。言葉「誰か取って」の意味は、誰かが樹木の枝を指差す状況では「引っ掛かったボールを取る」、台所からシューという音が聞こえる状況では「やかんのフタを取る」、りんごをむいている時に電話が鳴るという状況では「電話に出てほしい」であるというように、状況に即して存在することが前提とされます。

この「だれかとって」は、「だれかのとって（誰かの取手）」になり、そのうち「ダメかなきっと」となり、最後には「ダンナならかっと（旦那ならカッと）」となってしまうかもしれません。

このような変化は、もちろん、聞き間違いに端を発することがあるでしょう。しかし、それと同じくらい、伝言の受け手が、そもそも送り手からの言葉を半ば聞いておらず、初めから意味をでっちあげようとしている態度に原因があると思います。

みなさんの多くも、過去に伝言ゲームに参加したことがあるでしょう。自分の番が迫ると、送り手から伝えられる言葉を聞き取ろうと、手を耳にしっかり当てて準備したのではないでしょうか。しかし、一方で、その仕草は単なるアピールであり、心の中では、意味をでっちあげようとする自分がうずうずしていたのではないでしょうか。

その結果、「誰か取って」と聞き取れていても、つい、「誰かの取手」へと意味をすり替えてしまうのです。それは、決して聞き違いではありません。このような意味のでっちあげ、すなわち創発が続くと、十数人もいれば、「誰か取って」は、「旦那ならカッと」へ容易に変わってしまうことでしょう。

もちろん、状況依存型コミュニケーションでも、同じ結果が得られるかもしれません。ただし、その場合、受け手の仕事は、送り手の言葉を音声として正確に受け取ることだけです。したがって、伝言が変化してしまう原因は、聞き間違いによってのみ生じます。ですから、「誰か取って」

が「誰かの取手」になるには、偶発的な聞き間違いを待ちぼうけするしかありません。そして、「旦那ならカッと」へ辿りつくには、何十人、もしかしたら、何百人もの人が必要になるかもしれません。

実際には、伝言ゲームは少人数で面白い結末へ到達できることを考えれば、私たちのコミュニケーションは、やはり、意味をでっちあげる「創発型」であると思われます。

コミュニケーションの現場

ところで、読者のみなさんの中には、創発型コミュニケーションに対して疑問を持たれた方がいるのではないでしょうか。創発型コミュニケーションでは、前述の通り、言葉の受信者が生成する意味は発信者の作った意味と同じとは限りません。そして、発信者は意味の不一致という不安を抱えながらも、無根拠に意味の伝達感だけを抱くのです。

みなさんの中に、「『言葉は意味を伝達する』と言いながら、発信者の生成する言葉の意味が伝わることが不確かな過程を『伝達』と呼ぶのは撞着語法なのではないか」と思われる方がいるのは無理もないことかもしれません。

では、言葉が生じる際に立ち上がった意味が伝わる過程は、やはり状況依存型コミュニケーションなのでしょうか。状況依存型コミュニケーションでは、ある状況で、脳の中に生じた意味に対して、立ち上がる言葉（また、その逆の過程）は元来、確定されています。例えば、鳴り響く電話のそばで「誰か取って」と言えば、それは「電話の受話器を代わりに取って」と、既に確定されているということです。すなわち、ある状況で発信者が何らかの意味を生じて言葉を発すると、受信者は、その状況において確定されているその言葉の使われ方に即した意味を、選択するのです。状況依存型コミュニケーションでは、このような仕組みで、発信者の意味が、受信者へ確かに伝わるのです。

では、実際のコミュニケーションにおいて、特定の状況で特定の意味や言葉が生じることは、当たり前なのでしょうか。以下では、この疑問に答えるために、電話の例をもう少し詳しく眺めてみます。

例えば、電話が鳴り、私が「誰か取って」と言った際、仕事中だったあなたにおいて生じた感覚は「ああ、うるさい」だったかもしれません。そしてあなたの取った、電話に出るという行動は、電話の呼び出し音を止めることであり、電話に出たのはそのついでだったかもしれません。しかし、この場合、状況に即した「電話に出よう」という意味があなたに生じたわけではありません。しかし、コミュニケーションは成立しているのです。

もちろん、「電話に出よう」という意味があなたに生じる場合もあります。しかし、その意味に基づき電話を取ろうとした直前に、つまずいて足首をくじきながら電話を取った場合、私から「ありがとう」と言われる前に、あなたの感覚は「ああ、ついてない」へと変わったでしょう。あなたは、「ああ、ついてない」という感覚に対し、「ありがとう」を言われることになります。この場合、「誰か取って」という私の言葉を受信したことによってあなたに生じた意味は、「電話に出よう」と「ああ、ついてない」となります。あるいは、後者の方が強く印象に残れば、あなたは「ああ、ついてない」と感じながら電話に出たことになります。この例でも、状況に応じた「電話に出よう」があなたにも生じたとは言い難いです。

意味が途中で変化してしまう現象は、つまずくような事件がなくとも自発的に生じる場合があるでしょう。人間の感覚は不安定で気まぐれであることは、誰もが知っているはずです。あなたは、「電話に出よう」と思っても、受話器を取る頃には、「ああ（余計な用事に気づいてしまい）、ついてない」と思うかもしれません。この場合、電話に出る行動は、最終的に「ああ、ついてない」という意味によって駆動されたことになります。

意味の自発的変化は、受信者だけでなく、発信者にも生じ得ます。「誰か取って」という私の発信に対し、あなたは親切に電話に出てくれたとします。ただし、ちょうどその時、他の友人が、りんごを載せた皿を私に手渡したとします。私は、あなたに「ありがとう」を言いながら同時に友人の皿を受け取ることになったのです。

このとき、私は「ありがとう」をあなたか友人か、どちらへ向けるべきかを決められないでしょう。そして、自分が発した「誰か取って」に先立って生じた感覚は、「電話に出て」だけでなく「皿を取って」でもあったのではないのか、と思い直すでしょう。このように、電話が鳴った状況に即した意味は「皿を取って」に変わる可能性もあるのです。

生きる世界の選択

以上のように、現実の、すなわち、何が起こるかわからないという意味での、自然なコミュニケーションにおいて、特定の状況に即した特定の意味が発信者、受信者において生じる保証はないのです。

しかし、この事実は、「状況依存型コミュニケーション」がまったくあり得ないことを意味するわけではありません。そうではなく、「状況依存型コミュニケーション」は、「創発型コミュニケーション」の「特殊な例」と考えるのがよいのです。前者は、後者の内、発信者で生じた意味と同じ意味が、受信者において創発される、稀有な場合なのです。だからこそ、人生において「ばっちり意味が伝わった」場面など稀《まれ》であり、それ故に、貴重な体験として記憶されるのではないでしょうか。

あなたが、誰かに対して、常に、確実に、意味や意思を伝えたいならば、状況依存型コミュニケーションが確実に実行される環境を整備し、その中で生きるのが得策です。あなたは、特定の状況に即した特定の意味が、発信者、受信者において生じるような整備された世界内にいれば、創発型コミュニケーションにおける伝達の不安定さに怯え、苛立つことはなくなります。ただし、その不安定さから生じる新たなコミュニケーション、そして、稀に訪れる「ばっちり伝わった」という感覚に出会うことはなくなるでしょう。

どちらのコミュニケーションが成立する世界に生きるのか、それはあなたの自由な選択に任されており、そして、両者に優劣などは、もちろん、ありません。

辞書と言葉

ここまでの考察によって、読者のみなさんは、言葉の意味は創発されるという現実、そして、コミュニケーションの危うさ、あるいは言葉のやりとりという「スリリングな過程」を、徐々にわかっていただけたと思います。

とはいえ、世の中には、言葉を言葉で説明する「辞書」というものがあります。そこには、言葉の意味が確かに載っています。では、辞書に書かれた範囲で言葉を使えば、状況依存型コミュニケーションは可能なのでしょうか。

私が最初に辞書に出会ったのは、小学三年生のときでした。両親が国語辞典を買ってくれたのです。それまで大人たちが使っていた難解な言葉の意味が、そこには載っていました。「銀行」「株式会社」「情報」等々。自分の知っている言葉も調べてみました。「学校」「給食」「道路」等々。下品な言葉も辞書に載る資格を持つのか調べてみました。「ばか」「あほ」「おしり」等々。意外にもほとんどが載っていて、なんとも愉快な気分になったことを、真新しい本を開いたときに漂う、あのケミカルな特有の匂いと共に、今でも覚えています。

そして、私は、言葉の意味を知った喜びよりも、辞書を作った人物の知識量の多さに心を震わせました。日本のこと、世界の国々のこと、生き物のこと、そして、下品なこと。あらゆることを知っているこの著者は、これら無限とも思われる知識を習得するために、どれだけの経験を積んだのだろうか。私は著者の知識の習得方法に大いに興味を持ち、彼の知識に感心しながら毎日辞書を引き、言葉には意味があることを学びました。

特定の言葉を探すだけではなく、ふと目に入った言葉の意味を、寄り道して眺めるのも楽しみでした。むしろ、寄り道した言葉の意味の方を、よく覚えていたような気もします。

先日、娘の辞書を借りて、当時のようにパラパラとページをめくってみると、なんとも妖しい動物のイラストが目に入りました。そこには「やまあらし」と書いてありました。

「東インド・南ヨーロッパ・アフリカなどにすむ動物の一つ。からだはうさぎぐらいの大きさで、長くてかたいとげのような毛がはえている」と書かれていました。辞書を使い始めた小学生の頃は、「やまあらし」の意味を読んだ後は、続いて、印象に残った言葉、例えば「インド」を引きました。そしてインドの意味を知って、一人、喜んでいました。こうして未知の言葉を次々と辞書で調べていくと、知識が増え、なんだか自分が大人へ近づいていくような、そして、親と対等になれるような気がしたのです。

子供らしく喜びながら、毎日のように辞書で遊んだ当時の私は、やがて次のように考えるようになりました。「ある言葉の意味は、より要素的な言葉によって説明される。だから、辞書を引き続ければ、言葉の『原子』のような、他の言葉によって説明されない『究極の言葉』に行きつくのではないだろうか。そして、その究極の言葉で説明される内容こそ、言葉の『究極の意味』のはずだ。僕はそう思ってきた。しかし、どうやら、『究極の言葉』などないようだ。こんなに毎日辞書を引いているのに、出会わないのだから。それよりもわかったことは、言葉の意味とは、言葉が連なる説明文だということだ」。

言葉を説明する言葉の連鎖は、もちろん、大きな辞書ほど長いです。高学年になり、図書館で広辞苑のような大きな辞書を引く度に、私は長い言葉の連鎖に感心しました。そして、中学生になると、その連鎖に触れることで、次のような新たな考えを抱くようになりました。

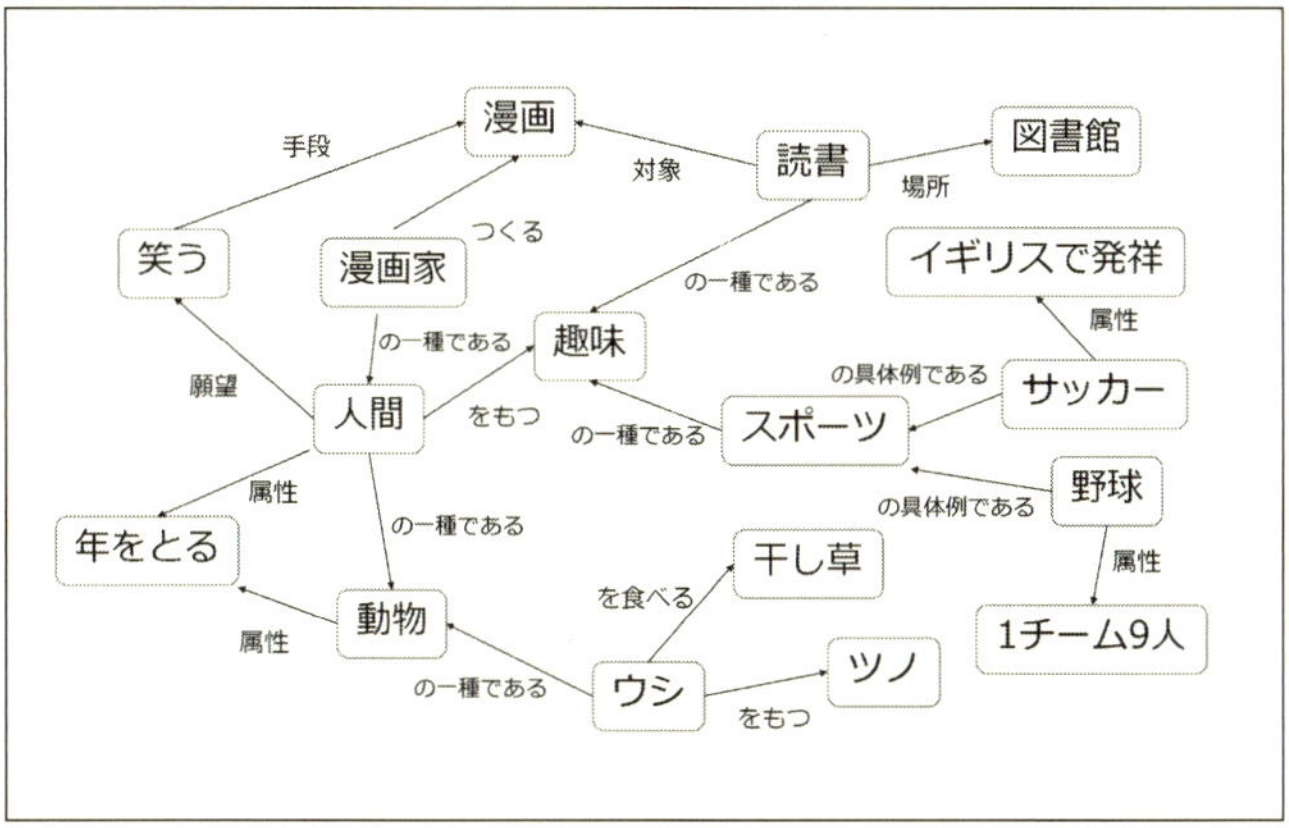

【図14】 言葉の「意味ネットワーク」の例。日経BigData、2014年7月23日、http://business.nikkeibp.co.jp/article/bigdata/20140722/268973/ の図を転載。辞書の単語は、このような、意味の連絡網（ネットワーク）を作っていると考えられます。例えば、図の最下段の「ウシ」は、「ツノをもち、干し草を食べる、動物の一種」です。各単語は他の様々な単語を説明し（単語へ向かう矢印）、また、それらから説明されます（単語から出ていく矢印）。

「言葉の意味を説明しようとして言葉を連鎖させても、もちろん、それを無限に連鎖させることはできない。だから、言葉の意味は、ある程度の数の言葉を使った、その言葉の説明文だ（【図14】）。

どの程度の数の言葉を使うのか。それは辞書の著者によって決められる。ということは、著者によって、すなわち、辞書によって言葉の意味は変わるということだ。言葉の意味は、辞書の数だけ多様ということだ。では、世界に一つしか辞書がなければ、言葉の意味は一つに決まるのだろうか。その場合でも、ある言葉の意味を説明する文に使われる言葉の数は、辞書の著者がどの言葉で、どの程度説明したいかによって決まる。世界中の人にその説明文を見せ、それが正しいかと尋ね、その上で、例えば多数決で、説明文が決まる、というわけではない。

辞書に載っている言葉の意味。それはその言葉に対する著者の『感性』が作る説明文だ。その感性は、著者がそれまでの人生において積んだ経験が反映されるはずだ。そして、最終的には、読者が著者によって作られた説明文をどのように解釈し、どのような感覚を得るかで、その言葉の意味が決まる。辞書に載せられた言葉の意味。それは、『著者がその言葉に接するときに得る個人的な感覚』なのだ。それは、著者の人生そのものではないか」

辞書という絵画

辞書を使う私は、ある言葉に対して、著者の人生を反映するその言葉の説明文を通し、ある「感覚」を得ます。その「感覚」こそが、その言葉の「意味」なのです。そのことに気づいた私は、「辞書の著者と辞書を引く人の関係は、絵描きと鑑賞者の関係と同じだなあ」と、ある時気づいたのです。「辞書の著者が表現するある言葉の説明文は、絵描きが表現する絵と同じではないか」。そう思ったのです（【図15】）。

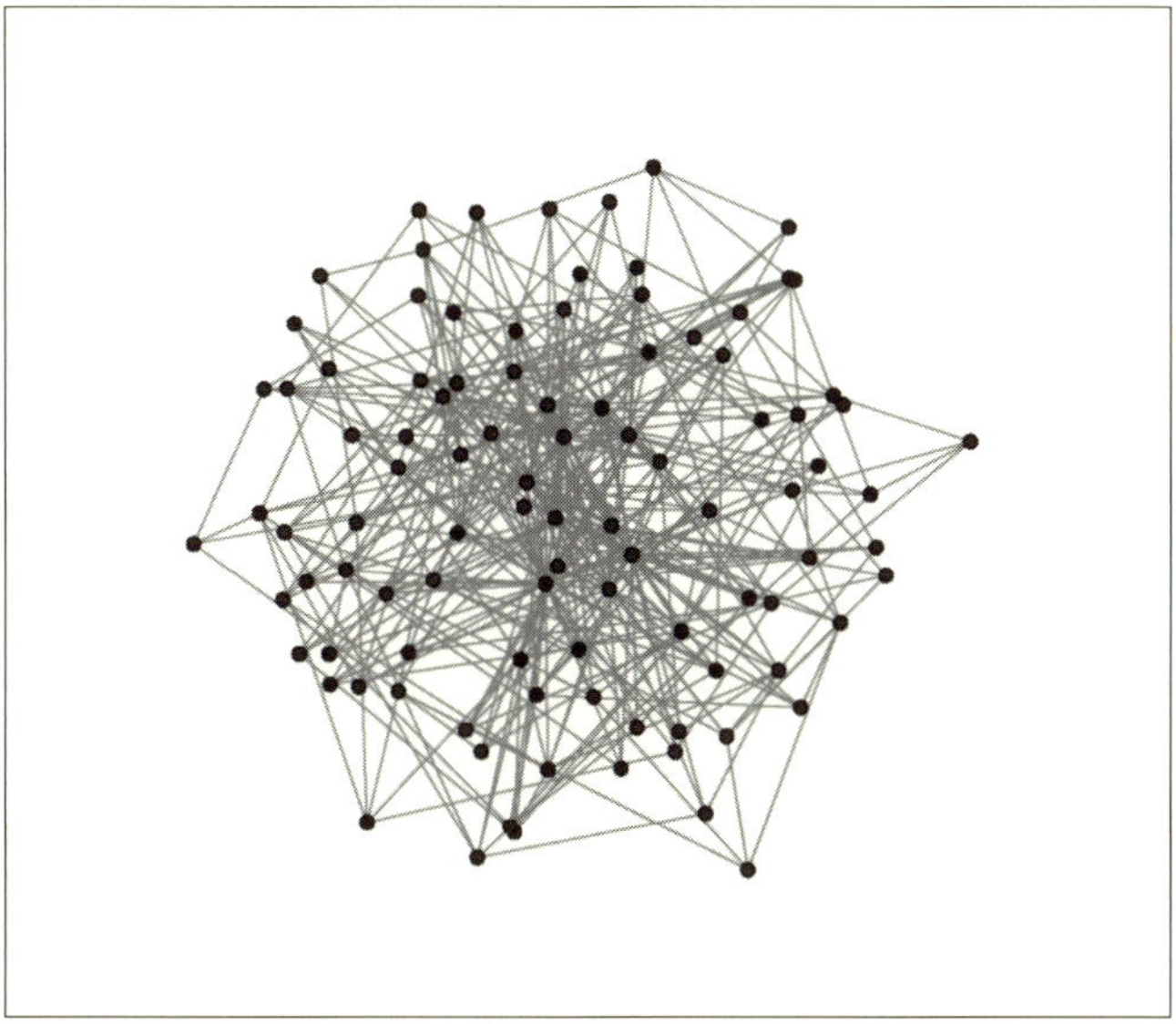

【図 15】 言葉の意味ネットワークは非常に複雑になると考えられます。図は、実際の意味ネットワークではありませんが、みなさんに複雑なネットワークを想像していただくために用意した例です。Gouhei Tanaka, Kai Morino, Kazuyuki Aihara. SCIENTIFIC REPORTS 2:232, doi: 10.1038/srep00232, 2012 の中の図を転載。辞書の著者は、言葉を言葉で説明することによって、辞書の中でこのようなネットワークを構築するのです。それは著者によって異なり、そして、図の通り、芸術的で、絵描きが表現する絵と同じです。

読者のみなさんも、流暢に書かれた文章を読むと、「美しい」と感じると思います。美しい文章は、読み返すと、その文字の配列まで、それまでとは違って、美しく見えてきます。たとえ、A４の再生紙にワープロ印刷された、十二ポイントの明朝体の文字の、無味乾燥とした配列でも、違って見えてきます。

絵画も同様です。確かに、絵は、最初に全体を捉えたときに強烈な印象を得ます。ただし、私たちは、その後に絵の様々な部分を、また、色々な角度から全体を眺め出します。そうするうちに、最初の印象とは違った印象を得ます。

この後者の印象こそ、後々まで記憶に残ります。そしてこの記憶に残るような絵に対する美しい、すばらしいといった感覚と、流暢な文章の字面に対する同様の感覚のそれぞれの生じ方は、同じだと、私は感じるのです。

辞書の中身とは、実は著者の描いた「絵」だということに気づいた私は、字引きをますます楽しみました。そして、「文字の大きさや辞書の大きさ、表紙の素材や色も、収められる言葉の意味に重要な影響を与えることになる。なぜなら、それらは、絵画における『額』と同じ役割を担っているからだ」と気づきました。

言葉の意味は、辞書の著者の感性と本の製作者の感性によって、共同で表現されるのです。言葉の意味の数は、辞書の数だけあります。それは、説明文を構成する言葉の種類の多様性ではなく、「辞書本体をも含む、説明文という絵」の多様性です。そして、その絵に対する読み手の印象は多様です。言葉の意味は、辞書の作り手、利用者、双方に感性が備わるため、多様なのです。

そして現在の私は、辞書によって言葉の意味を摑むことを次のように思います。

「ある人がある言葉の意味を知ろうと辞書を引き、その語釈を読むとき、その人は何らかの感覚を得る。この感覚が言葉の意味だ。言葉に備わる特定の意味が、すなわち、ある言葉の語釈の字面があなたの脳内で記録されるのではない。

辞書を使って言葉の意味を知るとは、辞書の製作者が、あなたに語の意味の創発を促す創発型コミュニケーションである。辞書の製作者は、各言葉の感じ方を意味として説明する。辞書を引く私たちは、その説明から新たな感覚を創発する。互いの感覚が一致することなど望めないが、意味の創発感によって『わかった』と思えること。それが言葉の意味を摑むことの本質だろう」

したがって、読者が「わかった」と思える語が多い辞書は、意味の創発感を得やすい工夫が施されているでしょう。そのような辞書は、万人に共通の意味を提供するのとはまったく逆の方法、むしろ、製作者の主観的感覚を前面に押し出す方法で語釈を与えるはずです。

そのよい例が、その語釈のユニークさが話題になっている『新明解国語辞典』です。そのユニークさとは、まさに「主観的な語釈」です。

例えば、多くのインターネットのページでも紹介されている通り、「蛤（はまぐり）」には次のような部分があります。「（前略）食べる貝として、最も普通で、おいしい」。なんと主観的な表現でしょう。「普通」、その基準は何ですか？　「おいしい」、では読者の好みをすべて把握しているのですか？　語釈を読むと、このように、思わず突っ込みたくなります。

しかし、読者はこの主観的語釈によって、蛤に対し、なんとか未知の感覚を立ち上げようとするのです。その結果、読者独特の蛤の意味を獲得し、実際の蛤の特徴との整合性とは無関係に、妙な「わかった」感を得るのです。

インターネットを筆頭とする情報化社会では、言葉の意味をはじめ、「知識を得る」とは、「どれだけ多くの情報を手に入れるか」と同義と思われています。そのため、人々は、頻繁にインターネット内を検索し、また、頻繁に見知らぬ人とネット上で会話をしなくてはならないでしょう。

そのような、情報の網を広げるのが苦手な人には、是非、『新明解国語辞典』のような良書一冊に没頭することをお勧めします。間違いなく、情報の量に支えられる知識とはまったく異なる、自分の感覚に合う、「質に支えられる」知識を得ることができることでしょう。

言葉の生命感

創発型コミュニケーションは、発信者、受信者がそれぞれどのような言葉、感覚、意味を創発するかで、その質が大きく異なるでしょう。創発型コミュニケーションは、発信者、受信者がそれぞれ独自に言葉を、そして「意味としての感覚」を創発するので、発信者における言葉の意味と、受信者におけるそれが一致しないことがままあり、意味の伝達は不確実です。

ただし、その不確実さは、新たなコミュニケーションを生成する駆動力となります。コミュニケーションの不確実さを不安、そして苛立ちとして感じる発信者、受信者は、その負の感情を解消しようと、言葉や意味の生成の調整を試みるでしょう。ただし、このコミュニケーションの調整は「完全な」調整を保証しません。むしろ、繰り返されるコミュニケーションは、一つの収束点へ向かうというよりは、当初の目的とは違う地点へ向かうこともあるでしょう。しかし、それこそが、創発型コミュニケーションの、「真の創発性」なのです。

このコミュニケーションの創発性を積極的に引き出そうとする試みは、その発散を招く恐れがありますが、うまくすると、発信者、受信者、そして彼らが所属する環境としての社会に新しい価値をもたらす可能性があります。そのためには、発信者は、受信者に意味の創発を促す言葉を創らなくてはならないでしょう。また、受信者は、受け取った言葉から、新奇な意味を創らなくてはならないでしょう。

発信者は、言葉の視覚、聴覚、触覚、嗅覚、ときには味覚的表現に工夫をこらすことで、受信者の意味の創発性を増すことができるでしょう。例えば、文字の書体や色、声色や抑揚、便箋やノートの形や質、そして、手紙に添えられる菓子の種類などへの工夫です。

インターネットが発達し、情報端末で画一化されたフォントを言葉として発信する現代において、文字を使う会話の創発性は、肉筆の文書をやり取りした時代に比べ低くなったと推測されます。肉筆の文書には、生き物としての発信者の状態、その生き様が、そのまま反映されます。どのような筆記具を使ったのか、慌てて書いたのか、なぜ当該の便箋を選んだのか等々。

受信者が文書からどのような感覚を生じるかは不明ですが、十二ポイントの明朝体でA４の再生紙に印刷されただけの文書よりは、多彩な感覚を生じさせるでしょう。コミュニケーションの創発性には、このように、言葉を伝える媒体の工夫も含め、「言葉の生命感」が必須なのです。

言葉と音楽

「コミュニケーションの創発性」と「言葉の生命感」の関係に最も敏感なのは現代芸術家でしょう。彼らは、「生命感の宿る作品＝言葉」を発信し、「展覧会＝鑑賞者とのコミュニケーション」を介し、「鑑賞者に新しい感覚＝言葉の意味」の創発を促すことを生業とするからです。

その一人である、音楽家の椎名林檎《りんご》氏が数年前にテレビ出演された際、「だってもうCDだめでしょ。生《なま》よ、生。これからは生よね」と、今後の音楽表現の展望を話されていました。

ここで言われた「生」とは、生演奏（ライブ）のことです。言うまでもないことですが、インターネット経由での音楽配信、CDやDVDといった音楽媒体での表現を止《や》めて、生演奏のみで音楽表現すべきだと主張されたわけではありません。

音楽とは、楽曲という作品を介した、音楽家と聴衆による、その場でしか生まれない感覚の創発過程でしょう。両者の創発性を増すには、発信する楽曲の生命感を増すこと、すなわち何が起こるかわからない生の表現がより効果的だと、主張されたに違いありません。

氏がわざわざ発言した理由は、音楽媒体による楽曲の伝わり方に少なからず危機感を抱かれていたからではないでしょうか。例えば、CDは、私が中学二年生のときに現れました。当時の私は、小学六年生のときに父親から与えられたお古のラジカセで、カセットテープから音楽を聞いていました。

その頃、音楽アルバムといえばLPレコード盤でした。多くの人は、好みのミュージシャンがアルバムを発表すると、LP盤を買い、カセットテープへ楽曲をダビングし、テープが伸びて音が歪《ひず》むまで何度も楽曲を聞き込みました。もちろん、レコードプレーヤーでレコード盤を鳴らせばよいのですが、何度も聞くと、レコード針もレコード盤の溝も摩耗してしまい、音がすぐに歪んでしまいます。音源であるレコード盤を摩耗させたくないので、安価なテープにダビングして、繰り返し、気が済むまで好きな楽曲を聞いたのです。

中学生の私はLPを買えるほどの金銭を持っていませんでした。また、自宅にはダビングに使えるレコードプレーヤーがありませんでした。そこで、二週間分のFMラジオの番組表の載ったFM情報誌『FMレコパル』（一九九五年休刊）を購入し、お気に入りのミュージシャンのアルバムの特集を探しては印を付け、放送時間五分前になるとラジカセの前で番組のオープニングを待ち構えたものです。

最良の音を拾うためにアンテナを目いっぱいに伸ばし、向きを選び、選局ツマミを何度も調整しました。番組が始まると、DJの話やCMのときにはポーズボタンで録音を止め、狙う音楽だけをテープへ録音しました。

このように、ラジオからテープへ音楽を録音することは、当時、「エアチェック」と呼ばれていました。ただ、特集番組では、多くの場合、アルバムの全曲が紹介されるわけではありませんでした。そこで、不足した曲が流れる番組を情報誌で探し、テープへ追加しました。こうして、手作りの「カセットテープ・アルバム」をいくつも作ったのです。

そのような私にとって、CDの登場は衝撃的でした。それが現れたのは中学二年生の頃でした。七色に輝く盤面を持つ薄い円盤。その中に込められた音は、七色に輝きながらスピーカーから放たれるのではないかと思われました。当時のCDとそのプレーヤーは高価だったため、世間知らずの私は、そのような高額な機器は広まるはずはないと思っていました。

しかし現実はまったく逆で、きれいな音を生み出すCDは、どんどん普及しました。CDはLPレコードに比べサイズが格段に小さいため、アートの側面もあったジャケットが小さく、私の周囲の音楽好きたちは当初、つまらない、ダサいと言って嘆いていました。しかし、大学在学中には、新譜のレコードはほぼなくなり、遂にはCDを買わざるを得なくなりました。

レニーのグルーブ

CDは、カセットテープやレコードと異なり、プレーヤーと接触しないため摩耗しません。よって、何度聞いても音質は低下しません。それと同時に、CDに録音する際の音楽の編集技術は年々向上していきました。すなわち、楽曲を作る人たちが、自分たちの理想に極力近くなるよう、録音された楽曲に後から手を入れる作業が増えていったような気がします。

録音された楽曲の音質が長く保たれるならば、極力理想的な楽曲を作り、それを保ちたいと思う気持ちはよく理解できます。ただ、そのためか、テレビの音楽番組で、生で演奏される楽曲と、CDの楽曲の差が大きくなってきた気がするのです。

例えば、「(CDに比べ) テレビではずいぶんヴォーカルの高音が出ないんだなあ」とか、「ん?今ずいぶんはずれたぞ!」と、少し残念な気持ちになる場面が増えたような気がするのです。このような場合、楽曲の受信者である私は、その生命感を感じ、そこから独自の意味を創発する意欲を少々削がれてしまいます。

もちろん、CDからも、生演奏からも、生命感を伝えるミュージシャンもいます。例えば、アメリカのレニー・クラヴィッツがそうです。

今から二十年ほど前、私は妻と一緒に大阪城ホールで開催された彼のライブを観に行きました。その一曲目が終わった後の、妻の感想が忘れられません。「CDとまったく一緒だ。すごい」。彼女はそうつぶやきました。

学生時代にバンド活動をしていた彼女だから気づけた特徴でした。確かに、言われてみると、二曲目もそうでした。レニーの楽曲の場合、CDからも、そして生演奏からも（もちろん、口パクではなく）、同じ音と声が、同じ質で、そして生命感を伴って伝わってくるのです。彼の場合、スタジオで作りこむ技術を、生演奏でも投入できるのです。また、生演奏のライブ感を、スタジオ録音へも投入できるのです。

レコード盤の時代には、レコードに録音された楽曲にも、生演奏にも、それぞれ独特の生命感が溢れていたように思います。楽曲を作りこむ技術や時間の量が少なかったに違いないレコードの時代には、「今演奏している、この楽曲」に込められた意味が、そしてその量も質も、現代のそれとは異なったでしょう。

ただ、進んだ録音、編集技術はもちろん、質の高い音楽を実現していて、それらをわざわざ、今の時代に、除くことは無意味でしょう。高い質でＣＤに収録される楽曲と、ライブで披露される楽曲の両者に生命感を与えるにはどうすればよいのか。前出の椎名氏は、それを問題提起したかったのだと思うのです。

コムアイは卑弥呼

「高い質でＣＤに収録される楽曲と、ライブで披露される楽曲の両者に生命感を与えるにはどうしたらよいのか。また、受信者に、楽曲に対して質の高い意味＝感覚を創発させるにはどうすればよいのか」。この問いへの答えに最も成功しているのが「水曜日のカンパネラ」だと思います。

水曜日のカンパネラは、ボーカルのコムアイ氏、楽曲製作のケンモチヒデフミ氏、ディレクターのDir. F氏の三人から成る音楽集団です。ただし、ライブやＰＶ（プロモーション・ビデオ）、インタビュー等、表舞台に登場するのはコムアイ氏のみです。

彼女は二十代半ばの若い女性で、美人です。彼女の声は、透明感のある、しかし不安定感もたっぷりな高音で、言葉遊びのような複雑なライムを軽妙に歌い上げます。

映像で披露されるダンスは、椎名林檎氏のライブで踊るAyaBambiのような、所謂「キレッキレ」ではなく、やわらかそうな関節が緩むがまま動き、脱力感がたっぷりな、ダンスというより、舞踏のような動きです。

PVの映像は、手作り感にあふれる一方、しっかりと作りこまれていることがわかります。渋谷の街中で、いかにもホームビデオで撮影した風でありながら、ビデオ全体のストーリーは明確で、奔放に振る舞うコムアイ氏を、編集においてしっかりストーリーにはめ込んでいます。

私は、そのようなビデオにおいて歌う彼女の姿を初めてYouTube上で見ていた時、「ああ、卑弥呼とは、きっとこのような人物だったんだろうな」と確信しました。

美形の若い女性が、作りこまれた背景をバックに、不安定な、しかし澄んだ高音で、複雑なライムを呪文のように歌うのです。私は卑弥呼に詳しくないですが、「ああ、卑弥呼だ」と当たり前のように思えたのです。

卑弥呼はトランス状態で精霊と交信するシャーマン、あるいは巫女だったと推測されています。緻密に作りこまれた背景とその中で奔放に振る舞うコムアイ氏。この組み合わせを、彼らはCDでも、ライブでも、難なく展開し、CDに収録される楽曲と、ライブで披露される楽曲の両者に生命感を宿らせるのです。そして、受信者に楽曲を通して質の高い意味=感覚を創発させるのです。

NHKのある番組のインタビューで、コムアイ氏は以下のように話していました。その内容を聞くと、彼女の歌う楽曲が生命性を持ち、歌う様子がトランス状態のように見える理由がよくわかります。

「おもしろい音楽をやりたいって思ってから歌詞を何にしようかって考えているので、何かこう、伝えたいメッセージがあって歌詞を考えているわけじゃないんですよ。歌詞がもつ、とか、曲名がもつイメージを裏切るような歌詞にして遊んだり……。第一印象というのか、なんかその、初めて聞いた人に、こうひっかかってもらうように、脳裏に焼きついて、こう、ガシッとね」。

彼女は、自分に生じた感覚を表現することを楽しんでいるのであって、受け手に特定の感覚を生じさせたいのではないことを明確に自覚し、楽曲を発信します。すなわち、「自由な意味を乗せる言葉＝自由な感覚を乗せる楽曲」の創発です。

だからこそ、ライブであれＣＤであれ、楽曲、あるいは歌詞は、決して特定の意味ではなく、聴く者に新奇な意味としての感覚を創発させるのでしょう。そして、新奇な感覚を生じさせられた聴き手は、楽曲に、音の配列だけでは済まない、「生命感」を感じるのでしょう。

彼女はさらにこう続けます。「この平成の時代でいろんなＪ－ＰＯＰが出てきて、もう情報過多なんだと思う。思いとか歌詞とかが十分に氾濫しすぎてて、もうちょっと抜けのいい、ちょっと落ち着いたものっていうか、もうちょっとバカなものが聞きたいというか、膨らんじゃった風船にこう、穴を開けるイメージなんですよね、自分たちがしてることって」。

すなわち、既存の楽曲は、本来実在しないはずの意味を、あたかもあるがごとく、執拗に伝達しようとし、その果てに、情報過多になったのです。創発型コミュニケーションのはずの音楽が、いつの間にか、状況依存型コミュニケーションになっていたのです。

最後に、このように締めています。「自由のアイコンとして世の中に知られるのはいいことだと思ってますね。それを見てて、見てる人が自由なほうがいいんだなと思ったりとか、引きずられるようにその日気分がよく、なんか晴れた気持ちで過ごせるんだったらいいと思う。踊ってみようとか、暴れてみようとか、なんか適当に歌ってみようとか、決まってることを、崩していいんだっていうふうに、すごく、なんかこう、思ってもらえるきっかけになりたいと思う」。

「崩していいんだ」という表現は非常に重要です。決して「壊していいんだ」ではないのです。「暴れてみよう」も、もちろん暴力ではなく、「たまには羽目を外してみよう」ということです。「決まってること」。それは、本来実在などしないはずの意味を、もっていると思ってしまうことです。

意味をもっているものは、窮屈ですが、必要ないのではないのです。例えば、りんごという言葉は、赤く甘ずっぱい果物、という意味をもちます。だから、りんご買ってきて、と言われれば、多くの場合、人はそのような果物を買ってきます。ただ、その意味は、本来、「実在していない」のです。したがって、どのように使ってもよいのです。だから、例えば、「椎名裕美子」という音楽家は、名前にりんごを使い、「椎名林檎」と名乗ったのです。音楽と同じく、言葉という作品は、表現者によって自由に崩されて使われることを、待ち焦がれているのです。

水曜日のカンパネラだけでなく、独立国家の運営を芸術表現とする、「建てない建築家」の坂口恭平氏や、絶食して減量したメンバーを即身仏として展示してしまう、現代芸術集団Chim↑Pomも、作品にいかに生命感を宿すかを、ただ実直に考え続け、それを楽しんでいるのだと、私は感じます。

芸術家、特に現代芸術家は、作品という言葉を崩して使い、生命感を宿し、鑑賞者とともに感覚の創発過程を楽しむことに長けていると思います。そして、科学者は、そろそろ芸術家であることを認識する方がよいと思います。科学者とは、収集したデータという言葉を、崩して使い＝自由な観点で（もちろん、統計的手法を使って）分析し、生命感を宿し、論文を読む者と共に新奇な意味としての感覚の創発過程を楽しむことを生業とする人間だと、私は思うのです。

労働は芸術

現代芸術家ではない私たちは、言葉をわざわざ頻繁に崩して使おうとはしません。私たちの多くは、言葉を崩して使わないという方法で、生きるための糧を得ています。生きるための糧は、多くの場合、「貨幣」です。

私はかつて、いわゆる会社で働いていました。労働を発信する発信者で、経営者という受信者から貨幣を得ていました。その過程は状況依存型コミュニケーションです。

本章の初めのほうで述べた通り、状況依存型コミュニケーションとは、「発信者が状況に即して意味から言葉を選択し、受信者が状況に即して受け取った言葉から意味を選択する過程」です。労働は、その達成度が評価されて賃金に変わります。労働を賃金へ変換するための基準を、仮に、「労働—賃金換算表」と呼ぶことにしましょう。この表があるということは、労働は、それがなされる前に、「賃金という特定の意味」を持つことを意味します。

労働者を雇う経営者は、「こういう製品を、この予算で製作する」という意向を労働者へ発し、工程表を作ります。労働者は、「工程表という状況」に即し、労働という言葉を発信します。そして経営者は、労働—賃金換算表から賃金を算出し、労働者へそれを支払うのです。

この安定した状況依存型コミュニケーションとしての労働は、人々の生活に安定をもたらし、それによって社会に平和をもたらす素晴らしいシステムです。ただし、このシステムは、本質的に状況依存、すなわち、状況としての工程表の作成は経営者に委ねられるため、経営者の方針に左右されます。

その方針が真っ当な場合、個人の生活や社会に問題は生じません。しかし、そうでない場合、時には大きな問題が生じるでしょう。例えば、不当に安い賃金を提案されたら、あなたはどう思うでしょうか。あなたは、ようやく何のために働いているのかを再考することでしょう。労働の意味とは、賃金だけではなく、あなたが立ち上げる、「より個人的な何か」でもあるのではないでしょうか。それに気づいて働くと、あなたの労働の質はきっと変わるでしょう。

例えば、あなたは金属の板を直角に曲げる担当だとします。そして、工程表通り、短時間で直角に曲げることをこなしていたとします。しかし、あなたが、労働の意味を「より個人的な何か」であると気づくとき、あなたはその板を、直角ではなく、若干開き気味に曲げるかもしれません。なぜなら、次の工程の「穴あけ」の作業において、板が若干閉じてしまうことに、あなたは気づいたからです。工程表にない「開き気味の加工」は、あなた個人による労働の創発です。そしてその結果、製品はより質の高いものに仕上がるでしょう。

このような創発が含まれる労働の結果、不当に安い賃金を支払っていた経営者や上司は、あなたの労働に対する意味は、労働―賃金換算表によって機械的に計算された賃金ではなく、あなた個人によって作られる高い価値であることに気づくはずです。

経営者や上司すべてがその価値に気づく、すなわち、労働の意味を新たに創発してくれるわけではないでしょう。しかし、そのような者が一人でもいれば、あなたは、労働においての価値に対して賃金が支払われる創発型コミュニケーションの集団の中で、いつしか働くことになるでしょう。

創発型コミュニケーションとしての労働の場では、あなたは、個人的な価値観から労働を創発し、その結果を、上司も個人的価値観で創発的に評価するでしょう。両者の価値観は決して一致しないでしょう。しかし、だからこそ、どちらでもない新たな価値が共感されるのです。そのようにして鍛えられた製品は、価値観が多様で共有など望めない人間社会において、使われるうちに、新たな価値が創発され続け、結果として、売れる製品になるでしょう。

もちろん、うまくいかない場合が多々あるでしょう。しかし、うまくいったときの達成感は格別でしょう。創発型コミュニケーションは、「微妙で、スリリング」なのです。そして、このような価値の創発の継続が、おそらく、停滞しない経済活動の原動力となるのではないでしょうか。創発型コミュニケーションである労働は、もはや賃金捻出の「作業」ではありえません。それは創発の過程、すなわち、芸術なのです。

マグカップ、は何を指すか

ここまで、言葉のやりとりとは、本質的に、創発型コミュニケーションであることを説明してきました。その特徴は、言葉の受信者は、発信者から受け取った言葉の意味を、言葉の発信者は、自身が発した言葉の伝達感を、それぞれ勝手に立ち上げることでした。

ただ、これまでの例では、言葉の発信者と受信者が空間的に離れた場所にいました。したがって、お互いの様子を確認することができないため、受信者は言葉の意味を、発信者は発した言葉の伝達感を、それぞれ「勝手に立ち上げざるを得なかった」のかもしれません。

確かに、本章の最初の例における言葉、「誰か取って」は、仕事場等で互いが離れたところにいる場合に発せられるでしょう。その後の辞書における著者と使用者、芸術における製作者と鑑賞者の間の距離は、もっと大きいです。

では、発信者と受信者の距離が近く、発信者の発する言葉が明らかに受信者の目の前の対象を指し示していると見なせる場合、その言葉の意味は、その目の前の対象となるのでしょうか。すなわち、状況依存型コミュニケーションが成立するのでしょうか。本章の締めくくりとして、以下では、目の前のマグカップをめぐる言葉のやりとりすら、創発型コミュニケーションであることを考えてみます。

今、私とあなたが机を挟んで向かい合い、座っているとします。机の上には、白いマグカップが一つ置かれています。

私が「そのマグカップ取って」と言い、あなたが「はい」と言って机の上の白い陶器を私に手渡します。私は、「ありがとう」と言います。ありがとうと言ったとき、私の心にはあなたへの感謝の気持ちが満ちてきます。私は、この「ありがとう」を、自分のその言葉に込めた意味があなたに伝わったかどうかなどわからないままに発するのです。したがって私は不安感を生じるのです。この不安を解消してくれる外的な手立てなどないため、この不安は、意味が伝わったという無根拠な感覚、「意味の伝達感」へと内的に昇華させられるのです。

コミュニケーションが完了した後の不安感の昇華は、不安感の出所を特定して消去するという根治的な解消ではなく、それを強制的に消し去る対症療法的な解消です。そのため、私の内部には、どうしても、現実感の欠如した、何とも言えない「違和感」が新たに満ちてくるのです（102ページ【図12】）。

このような体験は、私が特殊な人間だから生じるのではありません。読者のみなさんも是非、「ありがとう」に限らず、コミュニケーションが完了する言葉を言った後、まったくもってすっきりと、それまでのコミュニケーションが完了したと実感できているかどうか、思い返してほしいです。

すると、意味の伝達感が無根拠に生成されたことに対して、どうしようもない新たな不安が湧いてきたことが思い出されるはずです。この不安感のために生じる違和感こそ、受信者、発信者において同じとは限らない、むしろ、多くの場合同じではない「意味」が生じていること、すなわち、創発型コミュニケーションが進行したことを裏付ける有用な証拠なのです。この違和感は、創発型コミュニケーションによって生じる副作用ではなく、コミュニケーションを進行させるために必然的に生じた「産物」なのです。

マグカップをめぐる創発

前節で述べた通り、会話の後に生じる「違和感」は、確かに創発型コミュニケーションの産物のようです。しかし、「違和感」では、創発型コミュニケーションにおける「創発」の側面が、はっきりと見えてきません。この「創発」の側面をよりはっきり理解するために、もう少し会話の過程の分析を続けます。

まず、私があなたに対し「マグカップ取って」と言う場面から始めます。ここで私が「マグカップ取って」と気安く言えるのは、例えば、私が「あなたと私の関係は気心の知れた友だち同士である」と信じているからです。

しかし、それは思い込みにすぎません。あなたは、実は私に対し日々不満を募らせていたかもしれません。もしそうだとすると、「マグカップ取って」の一言で、あなたの不満は頂点に達し、あなたは「なんて図々しい」と思うでしょう。

あるいは、友だち同士という前提は成立していたとしても、あなたはその日偶然忙しく、いつもよりパソコンのキーボードを大きな音を立てて叩き、暗に忙しさを私へ伝えていたかもしれません。もしそうであるならば、この場合でも、あなたは「なんて図々しい」と思うでしょう。

さて、これらの場合、「マグカップ取って」の意味は、あなたにおいて「お前の作業を妨害してやる」になってしまいます。そして、私が発する「ありがとう」の後に、あなたは「あのさあ、君って本当に図々しいね」と、新たなコミュニケーションの火ぶたを切るでしょう。このように、創発型コミュニケーションは、新たなコミュニケーションを生成するのです。

もちろん険悪とは逆の場合もあるでしょう。例えば、あなたは私を友人だと思っていても、私はあなたを一同僚としてしか思っていないとします。そのような場合、私は、あなたに昼食を誘われても、大抵は無下に断るでしょう。そして、そのような私を、あなたは冷たい人間だと思うでしょう。

ところが、あるとき、私の方からあなたに対し「マグカップ取って」と気安い感じで言葉が発せられたとします。すると、あなたは「ようやく友だちとして認識してくれたな」と思うかもしれません。

この場合、あなたにとって、私が発した「マグカップ取って」の意味は、「今日は僕が君を昼食に誘うよ」となるかもしれません。そして、カップを取ってくれたあなたに対し、私が「ありがとう」を発すると、あなたは「そういえば、新しいカレー屋が近所にできたね」と新たなコミユニケーションを始めるかもしれません。

以上のように、私があなたへ発した「マグカップ取って」という言葉は、そのマグカップがたとえ二人の目の前にあっても、あなたによって「妨害」とも「親愛」とも解釈され得るのです。そして、新たなコミュニケーションが創発されるのです。

私とあなたの会話を分析してわかること。それは、生きものとしてそれぞれ独自の履歴を持つ私とあなたにとって、共通の意味をもつ状況などあり得ないこと、そして、どんなに共通に見える状況を用意しても、その解釈は決して一致しないということです。

だから、解釈の違う状況の下では、言葉の意味も当然異なります。にもかかわらず、私はマグカップを手にして「ありがとう」と言い、会話の完了を宣言できてしまうのが、コミュニケーションの微妙さであり、スリルであり、そして最大の特徴です。ですから、その後に、「罵り」や「お誘い」という新しいコミュニケーションが始まるのです。

もちろん、このような新しいコミュニケーションが始まらない場合もあるでしょう。しかし、それは、状況依存型コミュニケーションの完了なのではなく、創発型コミュニケーションの自律的な完了、すなわち、単なる完了の宣言なのです。

存在という感覚

ここまでの考察の中で、私たちが誰かと言葉を交わす状況とは、創発型コミュニケーションであること、そして、言葉とは、それ自体は変化しないまま、一つのコミュニケーションに作用し、新たなコミュニケーションの生成を促す、「触媒」のようなものであることがわかりました。

本章を締めくくるにあたり、私たちが、世界の中のモノゴトを言葉で表現しようとする過程を考察します。明らかになるのは、この過程は、私たちの「意識」と「心」の間のコミュニケーションであること、そして、この過程において、私たちは、モノゴトの認識を支える最も基本的な感覚、「そこにある」という感覚を創発するということです。

今、私が、机の上の白い陶器の前に立ち、「マグカップだ」と呟いたとします。ところが、この呟きの間、私の「心」には次のような疑問が生じます。それは、「私の意識が宣言する『マグカップ』とは、一体何を指しているのか。あるいは、何を意味しているのか」という疑問です。「マグカップだ」と言うとき、私の「意識」が感覚するのは、例えば持ち手の一部であり、その他の部分は不明瞭に感覚されるはずです。カップの縁を意識すれば、今度は持ち手が不明瞭になるはずです。このように、私は、明確な輪郭で囲まれたカップ全体を把握して、「マグカップだ」

と宣言するのではありません。カップ全体は不明瞭なまま、宣言するのです（【図16】）。

この不明瞭な全体を作るのが、私の「心」です。意識が、持ち手を見ただけで宣言するマグカップとは、一体どこまで広がっているのか。例えば、陶器の底のすぐ周辺の机の部分まで含むのか、あるいは、もっと広がって、机全部をも含んでカップなのか。この範囲を、誰かが決めなくてはなりません。その役目を担うのが、私の「心」なのです。

しかし、この範囲を決める明確な根拠などありません。よって、心は、「意識が宣言する『マ

【図16】　私が「マグカップだ」と言うとき、私の意識が、今、感覚するのは、例えば持ち手の一部であり、その他の部分は不明瞭に感覚されます（①）。カップの縁を意識すれば、今度は持ち手が不明瞭になります（②）。私の心はマグカップとは眼前の陶器だと宣言することはできます。その宣言は、明確な輪郭で囲まれた陶器全体を把握して実行されるのではありません（③）。陶器全体は、不明瞭なまま、宣言という行為は実行されるのです。

グカップ』とは、一体何を指しているのか。あるいは、何を意味しているのか」という疑問を生じながら、とりあえず、不明瞭な全体をでっちあげるのです。

ところで、この不明瞭な全体は、私の意識が一瞬で全体を捉えられるような、マグカップよりもずっと小さいもの、例えば砂粒が相手ならば、作られる必要はないのでしょうか。残念ながら、そうはならないのです。

私が目の前の砂粒に対し「これは砂粒です」と言って指差すとき、私の意識は、砂粒を黒い点として、すなわち、黒い点という全体として捉えることができているようです。一方、私の心は、決して「何の特徴もない、ごく小さな黒い点」を想像することはできません（【図17】）。

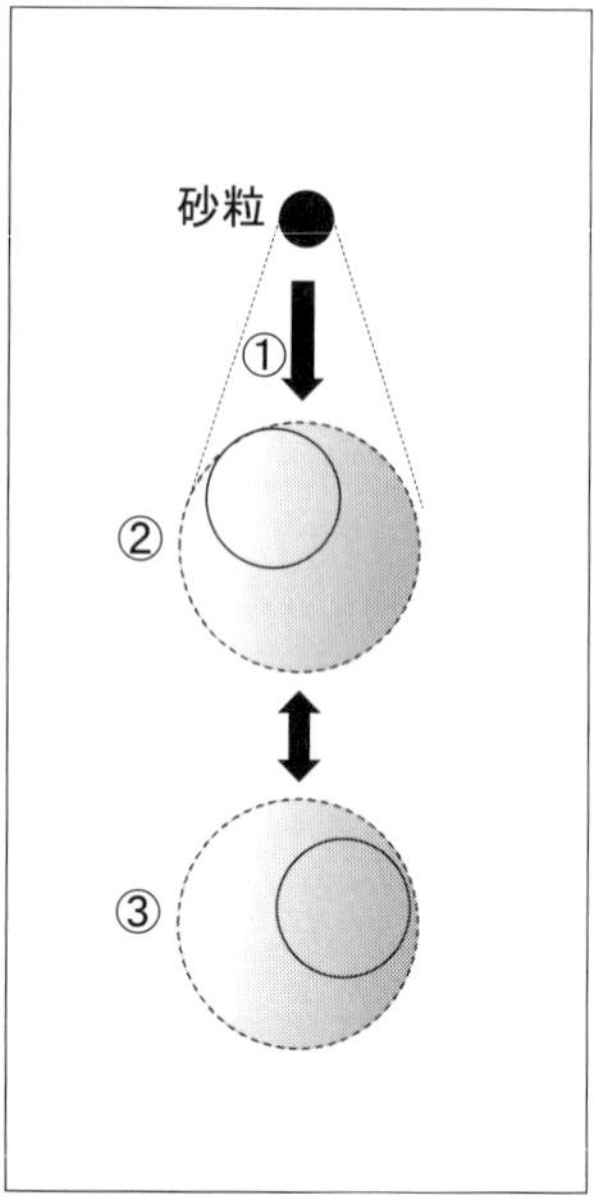

【図17】　砂粒は、一見すると点ですが、私の心は、決して「何の特徴もない点」など想像することはできず、砂粒にどうしても大きさと形を与えてしまいます（①）。そして、私の心は砂粒の全体を一時に捉えることはできないため、あるときはその左側を（②）、またあるときは右側を（③）、不明瞭な全体（②と③の点線の円）と共に感覚しつつ、「砂粒です」と宣言するのです。

私の心は、意識による「砂粒です」という宣言を受けることによって、砂粒に対してある程度の大きさと形を与えてしまうのです。そして、どの程度の大きさや形にすればよいのかを決める根拠はないため、砂粒の場合でも、不明瞭な全体をでっちあげてしまうのです。

では、マグカップの話へ戻り、本節をまとめましょう。私は、机上の白い陶器を指差してマグカップだと言葉を発します。しかし、私は、明確な輪郭をもつ全体としてのカップを捉えているわけではありません。私の意識は、マグカップの一部に対し「マグカップだ」と発することで、私の心に不明瞭な全体としてのカップを気づかせてしまい、言葉「マグカップ」が指す対象を不確かにしてしまいます。

この不確かさを収めるために、私の意識は、カップを摑む「行為」を生み、目の前の対象が「そこにある」ことを心へ実感させるのです。

「行為」は、摑むに限らず、ちょっと触れてみる、なんとなくスプーンでたたいてみる等、無意識に、多様に現れるでしょう。このように、言葉とは、世界の中のモノゴトが、確かに「そこにある」という感覚、「存在」という感覚を創り出す「装置」でもあるのです。

第三章　心とは何か

心の意味

本章では、私たちが世界と関わるための羅針盤である「心」の構造とはたらきに迫ろうと思います。

『広辞苑』によると、心とは「人間の精神作用のもとになるもの。また、その作用。知識・感情・意志の総体」です。

英語では「mind」が「心」に相当すると考えられます。*Oxford Living Dictionaries* によると「The element of a person that enables them to be aware of the world and their experiences, to think, and to feel; the faculty of consciousness and thought（人間の、世界と経験に対する気づきや思考、感情を可能にするもの。意識や思考の能力）」、*Cambridge Dictionary* によると「the part of a person that makes it possible for him or her to think, feel emotions, and understand things（人間の思考、感情、理解を可能にするもの）」です。

その他の言語では、心は何と表現され、どのような意味をもつのか大変気になりますが、少なくとも、心とmindはほぼ同様の概念で、「人間の、知・情・意に代表される精神作用のもと」と考えてよさそうです。

以上のように、心は「人間に」備わるものと考えられているようです。では、犬の飼い主は、この考えに賛成するでしょうか。恐らく、多くの飼い主は、反対するでしょう。

犬が飼い主の命令に応え、褒めると尻尾を振って喜ぶ様子を見て、彼らに精神作用、すなわち心がないと考えることは難しいです。リングホーファー萌奈美《もなみ》、山本真也《しんや》両氏の研究によると、乗用馬は、困った状態では、人間に助けを求めるそうです。このように、ヒト以外の動物にも心が備わることを、私たちは経験的に知っています。

心の連続性

一方、『種の起源』の著者、チャールズ・ダーウィンは、あらゆる生物に心が備わることを、生物進化の自然選択説の観点から提唱しました。

ダーウィンは、現代における生物の多様性の成り立ちを「個体差」と「自然選択」によって次のように説明しました。「生物は、どの種も、親と子がほぼ同じになるが、ときおり親とは明確に違った特徴を持った子が生まれることがある。生物には『個体差』がある、ということだ。そうした個体差のほとんどは、生存にとって害になる。（中略）しかし、ごく稀に、生存を有利にする場合があるのだ。生存を有利にする個体差を持っていれば、多くが生き残り、子孫を増やしていける可能性がある。個体差がいったん固定すれば、時間が経つにつれてもともとの種との違いが徐々に大きくなり、ついには『別の種』といってもよいほどになる。これが繰り返されて、生物は多様化してきた」。

彼は、この「進化の自然選択説」で、現存するすべての生物は、はるかな過去に誕生した一種類の生物の子孫であること、その一種類が長い時間をかけてさまざまに変化することで、今日のような多種多様な生物が生まれたと唱えています。

そして、著書『人類の起原』の中で、「進化の法則を認める人ならば、比較的高等な動物の心理的能力は、程度こそ人間とは大いに異なるが、本質的にはそれと同じであり、進歩する可能性が十分のこされているということを認めない人は一人もいないはずである。たとえば、ある類人猿とある魚との間、あるいはアリとカイガラムシとの間の心理的能力の違いが非常に大きいとしても、それが発達するのになにも特別な困難はない」と述べています。

比較心理学者のパピーニ氏は、自然選択説を受け、現存の生物種は縁続きであり、ヒトの起源はヒト以外の動物に溯ることができる、すなわち、ヒトの身体の各器官から生理的構造、行動、そして高次の心的機能までもヒト以外の動物に起源を溯ることができると述べています。そして、

「ヒトに特有と見られる心的能力は、ヒト以外の動物においても原基的な形で見られる」というダーウィンの考えを、「心の連続性（mental continuity）」と呼んでいます。

最近では、アメーバ動物の粘菌が迷路のスタートとゴールを結ぶ最短経路を探し出せること（すなわち、「知」の例）、魚が恐怖や不安の反応を示すこと（「情」の例）、ザリガニの脳内には自発歩行の「数秒前に」活動し始める神経回路があること（「意」の例）が報告されています。

これらの研究報告は、無脊椎動物を含むヒト以外の多くの動物に、知・情・意を代表とする精神作用が備わることを示唆します。ダーウィンの見通し、「心の連続性」は正しいことが、現代において明らかになりつつあるのです。心はヒトに特有なのではなく、あらゆる動物に備わるのです。

心の本質

粘菌、魚、そしてザリガニの研究結果は、彼らに精神作用を生みだすもととしての心が備わることを示唆します。この精神作用の程度は、ダーウィンが述べたように、ヒトと動物の間で差があるでしょう。

例えば、ヒトも粘菌も迷路を解くことができますが、同じ迷路を、粘菌はヒトほど早く解くことはできないでしょう。一方、ダーウィンは、心理的能力は、本質的にはヒトも動物も同じであると述べています。では、ヒトを含む動物間に通底する精神作用の「本質」とは何でしょう。それは、「心の本質」を意味するはずです。

知・情・意に代表される精神作用の本質は次の二つの性質でしょう。まず、精神作用は個体の内部で生成されること、すなわち「内因性」です。二つ目は、個体間で、程度ではなく「質」が異なること、すなわち「個別性」です。

再度粘菌の迷路解決の研究結果でこの個別性を説明しましょう。迷路解決課題において、多くの粘菌は、スタートとゴールの最短経路を、「通路上で」探索しました。一方、中には、通路だけでなく、部分的に壁を使って、すなわち「壁を乗り越えて」探索する個体がいたのです。このように、粘菌の知性には、量で測れる程度の違い（迷路を解く速さの違い等）ではなく、「質的な違い」が、個体間で見られるのです。

心の本質とは、ヒトや動物の個体の行動や構造に、内因性の個別的現象を生じさせることです。したがって、ヒトを含む動物に備わる心とは、「個体に内因性の個別的現象を生じさせる仕組み」であると定義してよいでしょう。より端的に言うと、心は「個性を生み出す仕組み」なのです。

デンサー的行動決定機構、再び

私たちヒトや動物は、必然的に、その行動に「個性」を生み出す仕組みを備えています。それは、第一章で提唱した「デンサー的行動決定機構」と呼ばれる「行動決定機構の集合体」です。この集合体とは何だったのか、少しおさらいしておきましょう（58ページ【図6】）。

私たちは日々様々に行動します。例えば、カレーを食べる私の内部では、カレーを食べるための行動決定機構、［カレー、食べる］が働いているはずです。テレビを見る場合には、［テレビ、見る］という行動決定機構です。この他にも、私はさまざまな行動決定機構を備えているはずです。すなわち、私たちは、行動決定機構の集合体を備えているのです。

ここで重要なのは、私がカレーを食べている時には、［カレー、食べる］のみが働いているのではなく、その他幾つもの行動決定機構、［x、X］が同時に働いていて、かつ、それらは各行動の発現を抑制しているということです。

私がカレーを食べているとき、私の周囲にカレーしかないという状態などあり得ません。例えば、誰かが面白そうなテレビを見始めたり、自分の気分が突然高揚したりするなど多々あるはずです。

にもかかわらず、私は、カレーを食べるのを止めてテレビを見たり、突然踊りだしたりしないのです。その理由は、「テレビ、見る」や、「気分の高揚、踊る」という行動決定機構は、起動しても、「見る」や「踊る」という行動を発現させず、「自律的に」それらを「抑制」しているからだと考えられます。

私たちは、上記のような「行動決定機構から成る集合体」です。各機構は、あるときは、自身の活動に伴うはずの行動の発現を自律的に抑制し、他の機構に行動の発現を譲ります。またあるときは、他の機構の自律的な活動の抑制に譲られて、行動を発現します。私たちの行動は、このような、行動決定機構の集合体の自律的な調和によって現われるのです。

そして、第一章で述べた通り、自律的な調和を見せる集合体の好例は、デンサー節に歌われているような家族です。よって、第一章では、「行動決定機構の集合体」を「デンサー的行動決定機構」と呼んだのでした。

潜在行動決定機構群

では、行動決定機構の集合体はどのように行動に個性を表すのでしょうか。例えば、私と読者のあなたが、私の家族が贔屓にする地元上田市のインドカレー・レストラン「MASALA

KITCHEN」で、同じマトンカレーを注文したとしましょう。

ふっくらと焼き上がるも、ずっしり、もっちりとして食べ応えのある大きなナンをちぎり、カレーにディップして頬張ると、しっかりスパイスの効いたカレーが薄甘いナンと調和して、ナンを噛むほどに魅惑的な味が口の中に広がります。私もあなたも、きっと次々とナンをちぎってはカレーにディップすることでしょう。

ここで、このディップの仕方は、私とあなたの間で異なるでしょう。私が、ちぎったナンを真っすぐカレーへディップして口元へ運ぶのに対し、あなたはナンでカレーを軽くかき混ぜてから、それを口元へ運ぶかもしれません。

このような食べ方の「質の違い」はどうして生じるのでしょうか。私もあなたも、誰かからそのような方法を学んだわけではないでしょう。また、食べるとき、そのような方法を意識するわけでもないはずです。両者とも、「自ずと、無意識のうちに」そう食べてしまうのです。

私もあなたも、基本的な行動、「カレーを食べる」を現しています。すなわち、私とあなたの備える行動決定機構、「カレー、食べる」は、ほぼ同じ機能をもつでしょう。この行動決定機構の活動によって、「食べる」という行動が発現するのは、自身の活動だけでなく、その他の行動決定機構の幾つかが、活動していても、それを自律的に抑制し、行動を発現させないからです。

本書では、「カレーを食べる」のように、ある個体において、現在、行動を生成している行動決定機構を、「顕在行動決定機構」と呼びましょう。一方、行動の生成を自律的に抑制し、個体内部に潜在する数々の行動決定機構を、「潜在行動決定機構群」と呼びましょう（【図18】）。

潜在行動決定機構群は、もちろん、顕在行動決定機構と連絡をもっているため、相互作用しています。したがって、潜在行動決定機構群の「『活動を抑制する』という活動」は、現在生成されている行動に反映されます。「潜在行動決定機構群が、（現在生成されている）顕在行動を修飾する」と言ってよいでしょう（【図18】）。

ところで、潜在行動決定機構群を構成する行動決定機構の数や種類は、個体間で異なるでしょう。また、数や種類が同じでも、どの機構がどの程度抑制するかといった抑制の仕方は「自律的」であるため、個体間で「質的に」異なるでしょう。その結果、潜在行動決定機構群による顕在行動の修飾具合にも、個体の間で質的な違いが生じると思われます。

このように、潜在行動決定機構群は、個性を生み出す仕組み、すなわち、「心」の実体と言えそうです（【図18】）。

隠れた活動体

心とは、「ヒトにおける知・情・意に代表される精神作用のもと」として広く受け入れられて

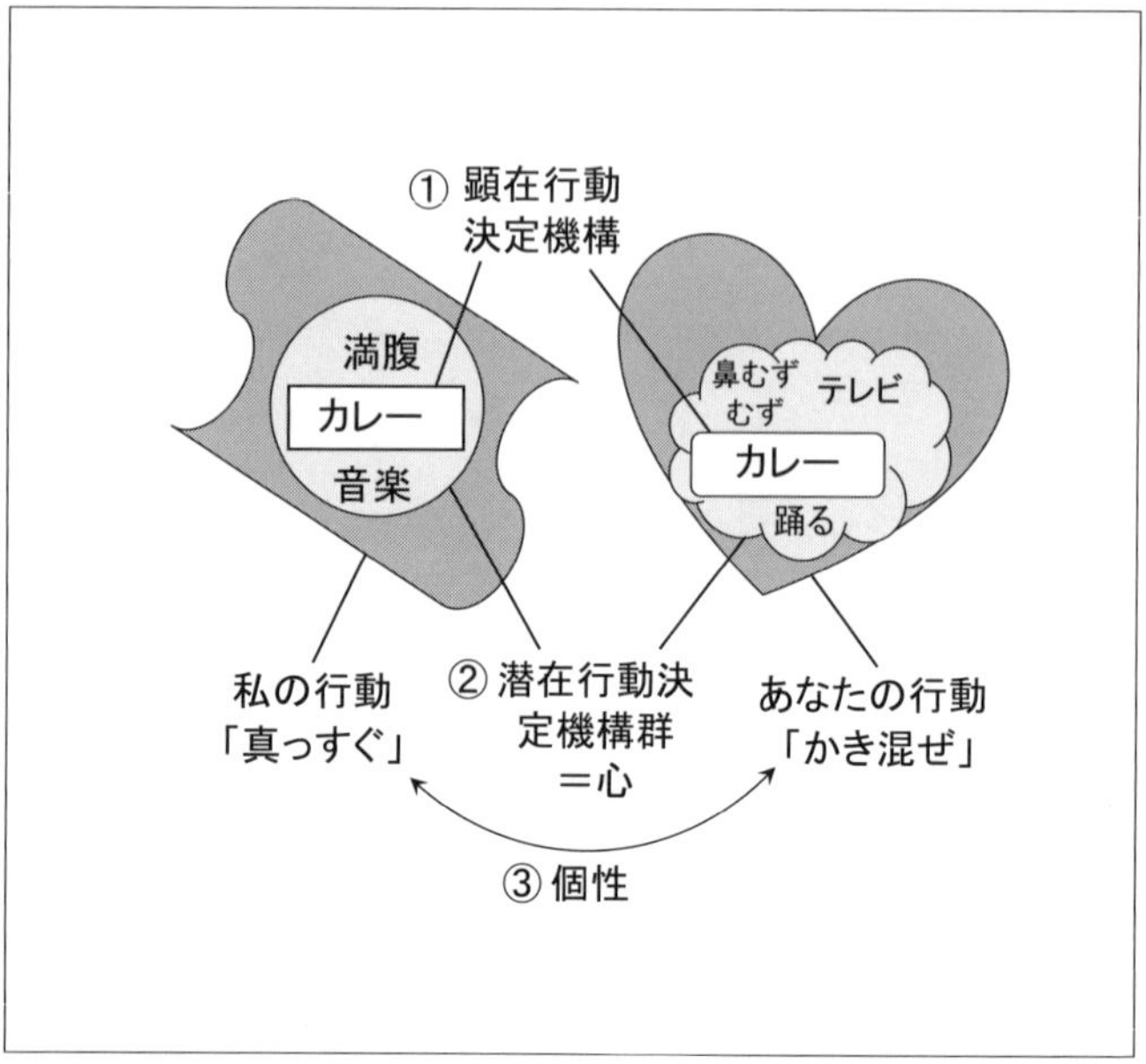

【図 18】 インドカレーを食べるとき、私はちぎったナンを真っすぐカレーへディップするのに対し、あなたはナンでカレーをかき混ぜるとします。このような個性はどのように生じるのでしょうか。本書では、世界に対し、「カレーを食べる」といった行動を顕在化させている機構を「顕在行動決定機構」と呼びます（①）。私とあなたの顕在行動決定機構の働きはほぼ同じでしょう（白の四角と角丸四角で表現）。一方、活動を自律的に抑制し、個体内部に潜在化する様々な行動決定機構、「潜在行動決定機構群」（②）は、私とあなたの間で大きく異なるでしょう（白の丸と雲で表現）。各潜在行動決定機構群の「『活動を抑制する』という活動」は、各顕在行動決定機構に異なる影響を与えます（薄灰色の波四角とハートで表現）。その結果、私とあなたの顕在行動（ここではカレーを食べる）に質的違い、すなわち、個性が生じます（③）。このように、潜在行動決定機構群は、行動に個性を生み出す仕組み、すなわち、「心」の実体と言えそうです。

きました。この精神作用の本質を「個性を生み出す仕組み」であると見極めることで、心がヒトだけでなく、動物にも備わる可能性を述べました。ダーウィンが提唱した「心の連続性」が、現代における「心」、あるいは「mind」の意味からも自然に導き出されたのです。

更に、第一章で確認した、ヒトや動物が備える「行動決定機構の集合体」のうち、個体に行動を発現させている顕在行動決定機構以外の、活動を自律的に抑制している機構の集合体である「潜在行動決定機構群」が、発現中の行動を質的に修飾する可能性があること、すなわち、「行動に個性を与えうること」を導きました。このような考察から、私は、「潜在行動決定機構群が心の実体である」と提唱したのです。

ところで、私は、以前、拙著『オオグソクムシの謎』の中で、心の実体は「隠れた活動体」であると提唱しました。そのときは、まず、心が、日本の日常生活ではどのように捉えられているのかを考察しました。

その捉え方は、私たちは「心とは何ですか」と聞かれると、多くの場合、「ううん……」と唸って答えを出せないのに対し、「あなたは心を持っていますか」と聞かれると、即座に「もちろん」と答える、という場面に顕著に表れていると考えました。すなわち、心とは「私たちの内部に、あると『確定』はできないが、『確信』はできる不確かな存在」と考えました。この「不確かな存在」に相当する対象を追求したところ、前著でも、「潜在行動決定機構群」に行き当たったのです。そしてそれを「隠れた活動体」と別の呼び方で表現したのです。

このように、私は、心の実体を、日本語と英語圏の代表的辞書に掲載されたその意味（知・情・意のもと）、そして、日本における日常的な捉えられ方（私の内部の不確かな存在）の双方から探究した結果、最後は「潜在行動決定機構群」へとたどり着いたのです。

本書では、以降、「潜在行動決定機構群」を「隠れた活動体」と呼ぶことにします。そして、「心」とは「隠れた活動体」を意味するものとします。

ところで、個体が現象化させている行動は、心によって既に修飾されています。前述の例では、私とあなたが「カレーを食べる」過程で、私はナンを「真っすぐディップ」しますが、あなたは「軽くかき混ぜ」ます。このように、私とあなたでは修飾の仕方が異なりますが、両者ともカレーを食べています。

この「カレーを食べる」のように、多くの個体に共通する基本的行動が、前述の「顕在行動」です。そして顕在行動の発現を担う機構が「顕在行動決定機構」です。本書で提唱したこれらの言葉は、今後もそのまま使うことにします。

心の構造

私たちが現象化させる行動は、「心によって個性を与えられた顕在行動」（例えば、前述のカレーの食べ方における「真っすぐディップ」や「軽くかき混ぜる」）です。この顕在行動の核を生み出す顕在行動決定機構と、心を構成する隠れた活動体。私たち動物において、それらの構成要素である各行動決定機構は、「感覚器官、運動器官、それらを繋ぐ神経回路網の組み合わせ」と考えてよいでしょう。カレーは、鼻や目という感覚器官によって私たちに捉えられ、そこで生じる電気的信号が神経回路網で処理され、その結果出力される信号が手や口という運動器官を動かしカレーを食べる行動が発現するのです。

行動決定機構は、主に神経系を介し、互いに繋がってネットワークを作り、相互作用するはずです。それが「行動決定機構の集合体」です。そして、ある行動決定機構が顕在行動決定機構になるとき、その他の複数の行動決定機構が隠れた活動体、すなわち心となります。

また、別の場合には、別の行動決定機構が顕在行動決定機構に、そして別の隠れた活動体が心になります。例えば、「カレーを食べる」が顕在行動だったとき、心の一要素であった「ノート、書く」は、私が「ノートに実験結果を書く」ときには顕在行動決定機構となり、「カレー、食べる」が心の一要素となるのです（【図19】）。

このような、行動決定機構の集合体や、隠れた活動体を示唆する構造は、比較心理学の世界では研究の前提になっています。前出のパピーニ氏が著した良著『パピーニの比較心理学』による

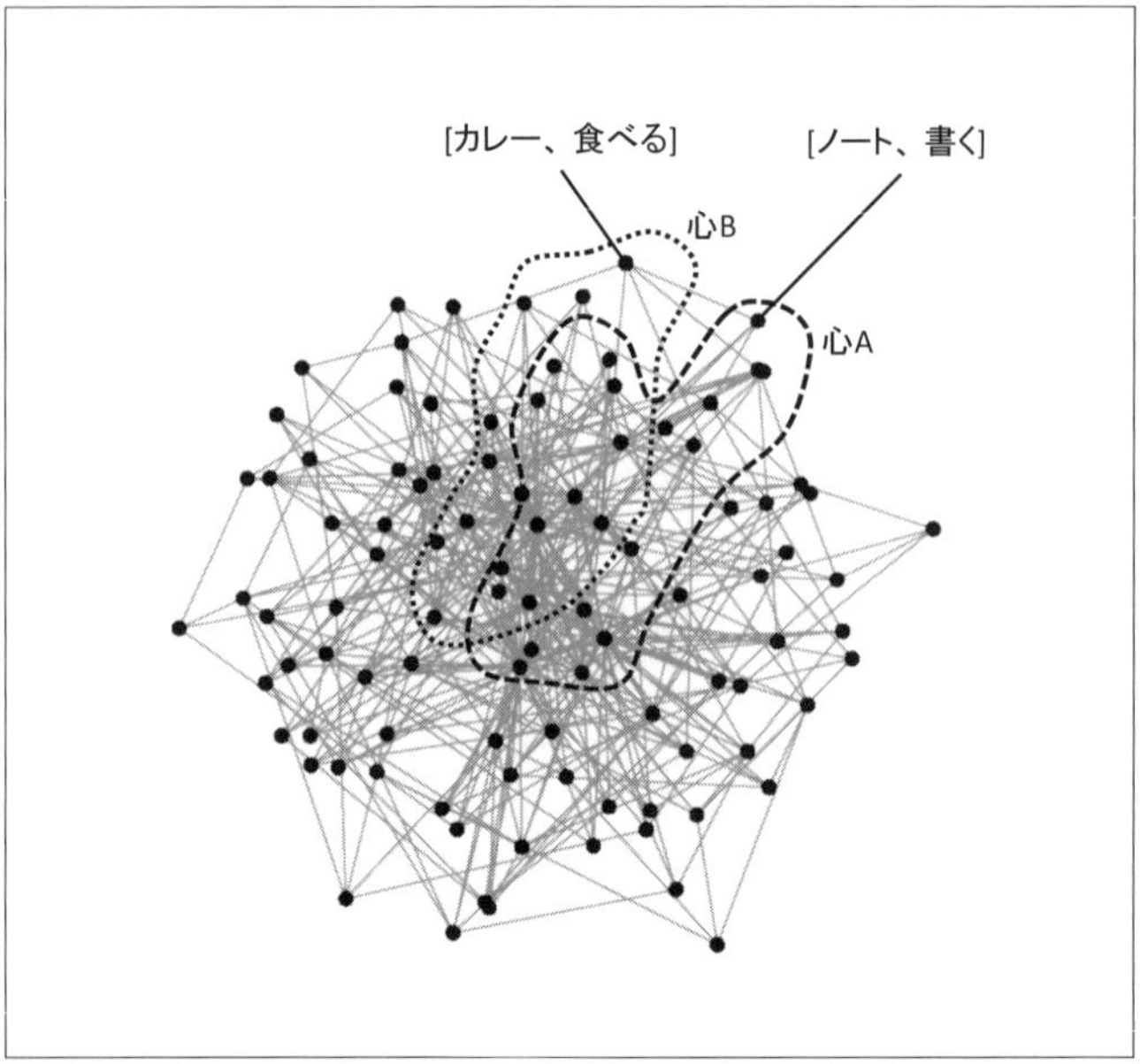

【図 19】 行動決定機構が作るネットワークの概念図（図 15 と同じ）。黒丸が各行動決定機構、灰色の線が神経系。例えば、［カレー、食べる］が顕在行動決定機構となるとき、その心は［ノート、書く］を含む隠れた活動体（破線の領域、心 A）です。また、［ノート、書く］が顕在行動決定機構となるとき、その心は［カレー、食べる］を含む隠れた活動体（点線の領域、心 B）です。

と、比較心理学とは、「ヒトを含む動物種間に共通する行動や、種間で異なる行動の諸過程を明らかにし、主にヒトの行動の進化的起源を明らかにすること」です。

読者のみなさんの中には「行動の比較というが、心理学とは心を探究する学問ではないのか。行動は、行動学が探究するのではないのか」との疑問を持たれる方がいるかもしれません。しかし、同書にも書かれている通り、そもそも「心理学とは行動を主に研究する学問」なのです。そして、行動の研究を通し、ヒトや動物は何ができるのか、なぜそのようにするのか、どのようにそれを成し遂げるのかを探究し、その過程で心に迫るのです。

パピーニの本に戻ると、比較心理学では、行動現象の特徴の一つは「複雑さ」にあると書かれています。行動の複雑さは「床の上の穀物粒をニワトリがつつく、繁殖期にカエルが鳴くといった、他の行動とは関連がなく、よくまとまっている行動さえも、多くの内的・外的諸要因の影響下にあることから、すべての行動は、相互に依存し合う多くの要因によって引き起こされているといって差支えないであろう」と説明されています。

「よくまとまっている行動」とは顕在行動に相当します。そして、「内的・外的諸要因」、あるいは「相互に依存し合う多くの要因」とは、ネットワークを形成する行動決定機構の集合体に相当します。

私が注目したのは、この複雑なネットワークにおいて、「よくまとまっている行動」が「内的・外的諸要因の影響」を受けつつも、どのように個体において現象化できるのかということです。そして、最も合理的なのは、「よくまとまっている行動」を発現させる顕在行動決定機構と相互作用する「多くの内的・外的諸要因」、すなわち諸行動決定機構が、個々の活動を自律的に抑制すること、すなわち、「隠れた活動体」になることであると考えたのです。

動物の生得的行動

続いては、動物行動学と心の関係を考えます。

動物行動学（エソロジー：Ethology）は、ひな鳥が孵化した直後に初めて出会った動く物体に追従する「刷り込み現象」の研究で有名なコンラート・ローレンツ、「ミツバチの8の字ダンス」の意味を解明したカール・フォン・フリッシュ、そして、以下で紹介するニコラス・ティンバーゲンらが、今から半世紀ほど前に立ち上げた研究分野です。

ティンバーゲンは、一九五一年に出版した『The Study of INSTINCT（邦訳版：本能の研究）』の中で、動物の生得的行動（例えば、カモメの雛が、教えられてもいないのに親鳥のくちばしをつついて餌を求めるといった、動物が生まれつき備えている行動）は、どのような仕組みで現れるのか、そしてなぜ獲得されたのかを考察しました。この生得的行動が現れる仕組みと、本書で提唱した行動決定機構、そして「心」は大いに関連があるので、詳しく説明しようと思います。

ティンバーゲンは同書の中で、トゲウオという魚の雄の繁殖行動（【図20】）を例として、生得的行動が現れる仕組みを説明しています。トゲウオとは、トゲウオ科の魚の総称で、北半球に広く分布しています。みなさんがよくご存じのアジ（鯵）科にはマアジ、シマアジ、そして巨大なロウニンアジといった種が含まれるように、トゲウオ科にはイトヨ、ハリヨ、トミヨといった種が含まれます。トミヨは汽水、淡水、ハリヨは淡水に生息します。イトヨは遡《そ》河《か》回遊《かいゆう》型もあり、サケのように海で育ち、繁殖期に河へ帰ってきます。いずれも成体の体長が十センチ程度の小さな魚です。

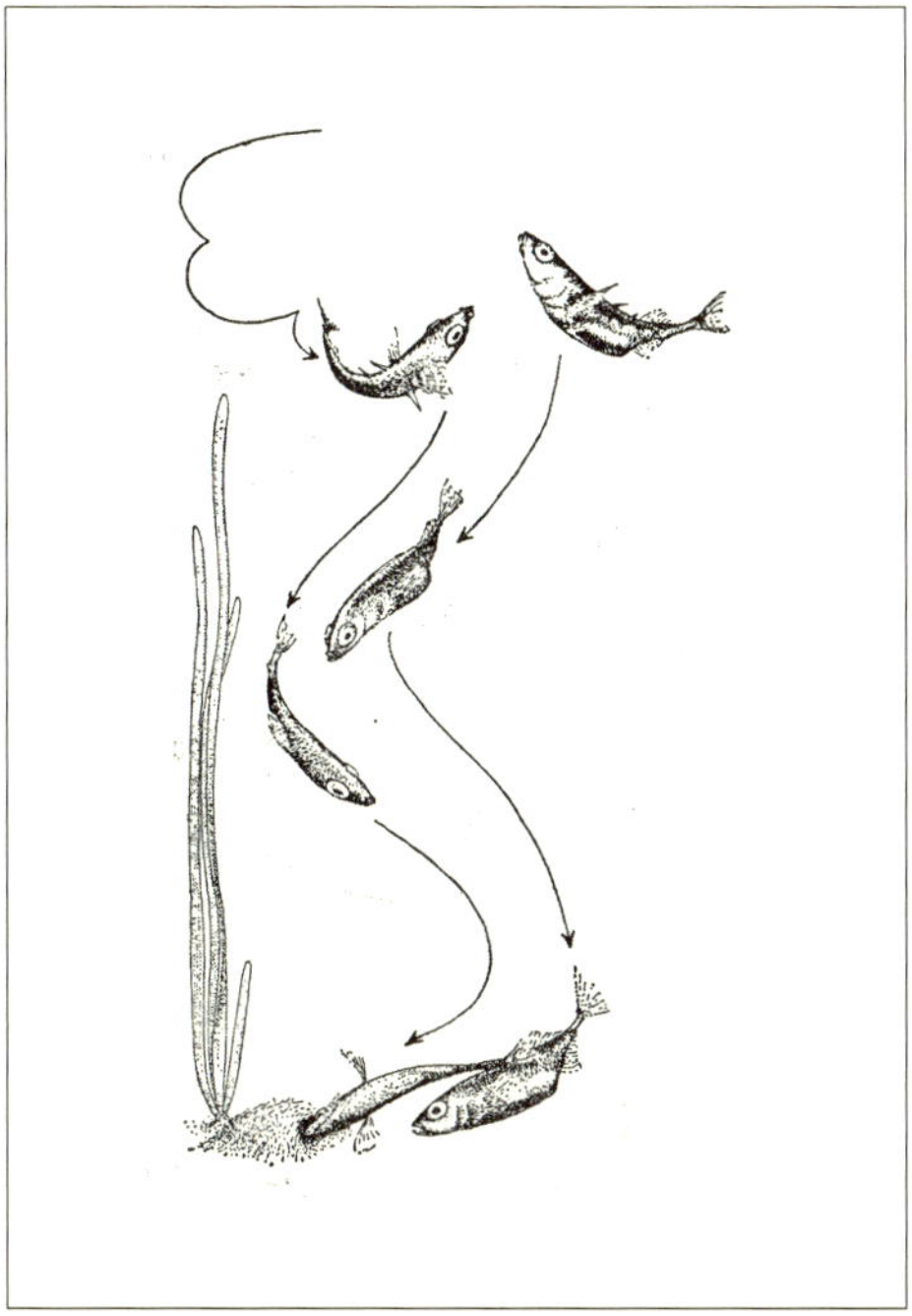

【図20】 トゲウオの繁殖行動。雄（右側の個体）が求愛ダンスを踊り、雌を巣へ誘い込んだ様子。図はティンバーゲン著／永野為武訳／『本能の研究』（三共出版 1975 年）より転載。

　このトゲウオの雄は、春になると浅瀬へ移動して、繁殖のための様々な行動を見せます。特徴的なのは巣作りで、水草等の巣材を口にくわえて運び、それをお尻から出る粘液で固めます。そして、求愛ダンスを踊って雌を巣へ誘い込み、卵を産んでもらい、仔魚が巣を離れるまで守ります。繁殖行動には、巣作りの他に、縄張り作り、他の雄との闘いなどがあります。この時期のトゲウオは、大変忙しいのです。

この複雑な繁殖行動も生得的行動なのです。雄は、自分の父親や仲間から、「ダンスはこうやって踊るんだ」「巣作りにはこの草がいいんだ」と教えられるわけではなく、これらの行動を、しかるべき時期が来ると、粛々とこなしていくのです。寿命がたった一年のトゲウオに、教えてもらう時間などないのです。では、繁殖行動がどのように現れるのかを、【図21】を見ながら説明していきましょう。

欲求と行動

まず、雄の内部では、成長に伴い雄性ホルモンが増加し、雄は生殖可能な体へと変わっていきます。私たちヒトも、成長に伴い、体が男性らしく、また、女性らしく変わっていくのと同様です。

並行して、雄をとりまく外の世界では、春になると日脚《ひあし》が伸び、水温が上昇します。すると、この水温上昇をきっかけに、雄は育った水域から移動し始めます。そして、移動している間に、雄は、知らず知らずのうちに、水の暖かさや浅瀬の風景、水草の感触などに刺激されて、「縄張

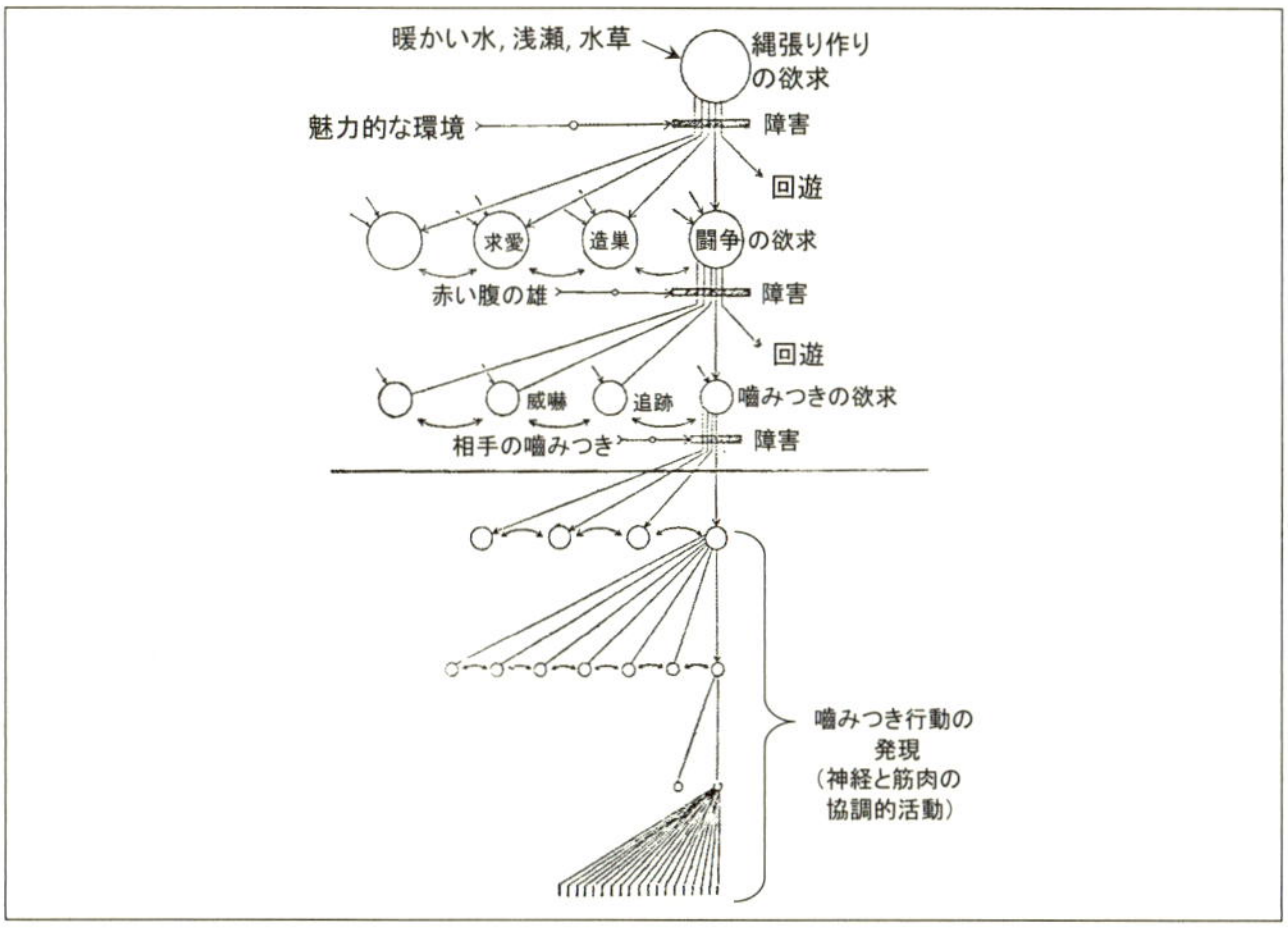

【図 21】 ティンバーゲンは、雄のトゲウオの定型的行動のひとつ、「敵への噛みつき」はどのように発現すると考えたのでしょうか。ここでは、『本能の研究』（ティンバーゲン著／永野為武訳）の図 98 を改変して説明します。春になると、成長した雄は、育った水域から移動します。移動の間、暖かい水や浅瀬、水草への遭遇を繰り返すと、「縄張り作りの欲求」が高まります。そして、縄張り作りに適した「魅力的な環境」に遭遇すると、図中の「障害」が除かれ、「縄張り作りの欲求」は衝撃となり、続く、「闘争」、「造巣」、「求愛」等の新たな欲求を高めます。続いて、「赤い腹の雄」が縄張り内へ侵入すると、「闘争」の欲求の障害が除かれ、衝撃となって、続く「噛みつき」、「追跡」、「威嚇」等の欲求を高めます。更に、侵入雄が縄張り雄に「噛み」つけば、「噛みつき」の欲求の障害が除かれ、衝撃となって、「噛みつき行動」のための「神経と筋肉の協調的活動」を誘発します。このように、トゲウオの雄の内部では、多段階にわたるさまざまな欲求が連鎖的に生じ、最終的に、定型的行動が発現するのです。なお、各段階で障害を取り除く刺激は「サイン刺激」と呼ばれています。欲求が十分高まってもサイン刺激が現れない場合、雄は「回遊」を、サイン刺激に出会うまで続けます。また、図中、欲求を表わす丸印の間にある双方向矢印は、各欲求が、互いに作用し合っていることを意味します。

り作りの欲求」が高められていきます。そして、この「縄張り作りの欲求」が一定以上に高まり、雄が縄張りに適した「魅力的な環境」に遭遇すると、この欲求は「衝撃」となり、続く「巣作り」、「闘争」、「求愛」等、縄張り内での振る舞いに関する欲求を高め始めます。

この、縄張り作りに適した「魅力的な環境」のように、ある高まった欲求（ここでは、「縄張り作りの欲求」）を、次の欲求を高める「衝撃」に変える刺激は、「サイン刺激」と呼ばれています。なお、欲求が十分に高まっても、サイン刺激が与えられなければ、雄は縄張り内で回遊を続けます。

新しく高まり出した欲求も、その後それぞれ十分に高まり、そしてそれぞれに適したサイン刺激を得ると、衝撃となって、続く具体的な行動の欲求を高めます。例えば、「闘争の欲求」は、ライバルである他の雄が縄張りへ近づいたり、あるいは他種の大きな魚が近づいたりすることによって次第に高まっていきます。そして、サイン刺激である「赤い腹を持つライバル雄」が縄張りへ侵入すると、「闘争の欲求」は「衝撃」となって、続く具体的行動である、「嚙みつき」、「追跡」、「威嚇」などの欲求を高めます。

これら具体的行動の欲求も様々な刺激によってそれぞれ高まり、そして、例えば、縄張りへ侵入した「ライバル雄からの嚙みつき」というサイン刺激を与えられると、応戦のために、「嚙みつき」という具体的行動を発現させるのです。その他、「追跡」や「威嚇」などの行動は、それらに応じたサイン刺激の出現によって、発現します。また、以上の過程でも、サイン刺激が現れなければ、雄は回遊を続けます。

私たちは、様々な動物が、特定のサイン刺激を受け取り、特定の行動を発現する様子を観察することができます（例えば、トゲウォの縄張り雄における、赤い腹のライバル雄の噛みつきに対する、噛みつきの発現）。このような特定の行動は「定型的行動」と呼ばれています。

「定型的行動」は、サイン刺激が与えられれば機械的に発現するかのようです。しかしそう単純ではなく、この行動が発現されるには、ここまで説明してきたように、私たち観察者が見ることのできない動物の内部において、行動の欲求が段階的に高められる複雑な過程があるのです。

ここまで、トゲウォの雄の繁殖行動を構成する定型的行動が発現する仕組みを説明しました。そのポイントは、十分に高まった欲求は、サイン刺激によって衝撃となり、次の欲求を高め始める、というプロセスですが、少々イメージし難いと思います。そこで、「欲求が高まる過程をバケツに水がたまる過程」として、また、「欲求が衝撃となる過程をたまった水が蛇口を通して流れ出す過程」として説明してみようと思います。

まず、「縄張り作り」、と書かれたバケツを想像して下さい。そして、そこへ、蛇口からゆっくりと水が注がれていく様子を思い浮かべてください。「縄張り作りの欲求」が高まるとは、この「バケツに水がたまっていくこと」と同様です。水の源泉は、水の暖かさや浅瀬の風景、水草の

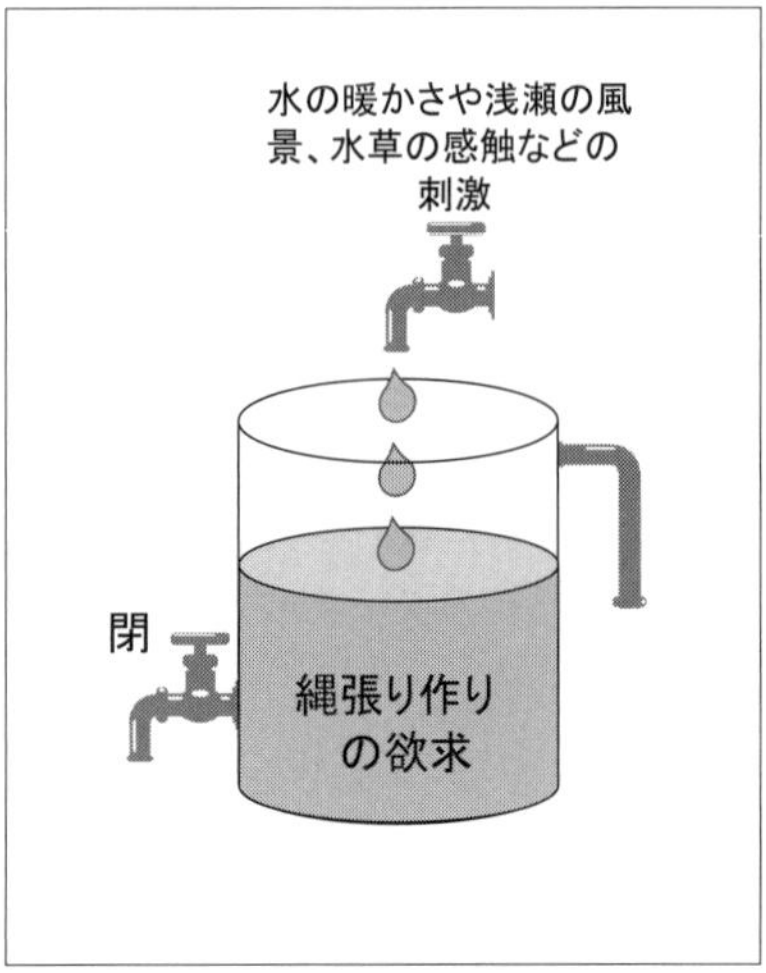

【図22】「縄張り作り」と書かれたバケツへ、蛇口からゆっくりと水が注がれています。図21で説明された「縄張り作りの欲求が高まる」とは、このバケツに水がたまっていくことと同様です。水の源泉は、水の暖かさや浅瀬の風景、水草の感触などの刺激です。バケツの左下に付いている「閉」と書かれた蛇口は、図21中の「障害」を表しています。

感触などの刺激です（【図22】）。

さて、やがて水はあふれてしまうはずですが、このバケツの上部には排水管が付いていて、水はあふれる前にこの管を通って出されます。この排水、すなわち、「サイン刺激」が現れるまで余分になってしまう欲求」が、「回遊行動」の発現に使われるのです。排水は捨てられるのではなく、有効利用されているのです（【図23】）。

水は排水管を通して排出され続けますが、やがてバケツ下部の蛇口が開かれるとそこから勢いよく流れ出します。この「蛇口を開く」のが「サイン刺激」です（【図24】）。ここでは、それは縄張り作りに「魅力的な環境」です。そして、「勢いよく流れる水」が「衝撃」となった縄張り作りの欲求です。

流れ出す水は、その下流に用意された新たなバケツ、すなわち新たな欲求の数だけ分岐します。ここでは、バケツには、「求愛」「造巣」「闘争」と書かれています。それらには、上流のバケツと同様、上部には排水管、下部には蛇口が付いていて、サイン刺激によって蛇口が開けられるまで水をため、そして、排水管から余分な水を出し続けるのです。そしてその下流には、またバケツが待ち構えているのです。

【図23】 図22のように水が注がれ続けると、水はあふれてしまうはずですが、バケツの上部には排水管が付いていて、水はあふれる前にこの管を通って排出されます。この排水は、「回遊行動」の発現に使われます。

ところで、最後のバケツの蛇口から衝撃として流れ出る水はどうなるのでしょうか。その水は、「水車」を回すのです（【図25】）。その運動する水車こそ、「定型的行動」です。

なお、【図22】から【図25】では、バケツへ注がれる水は、上流のバケツの蛇口のみからやって来ていますが、実際には環境からの刺激、例えば、上で述べたような、ライバル雄や他種大型魚の出現によっても注がれます。し

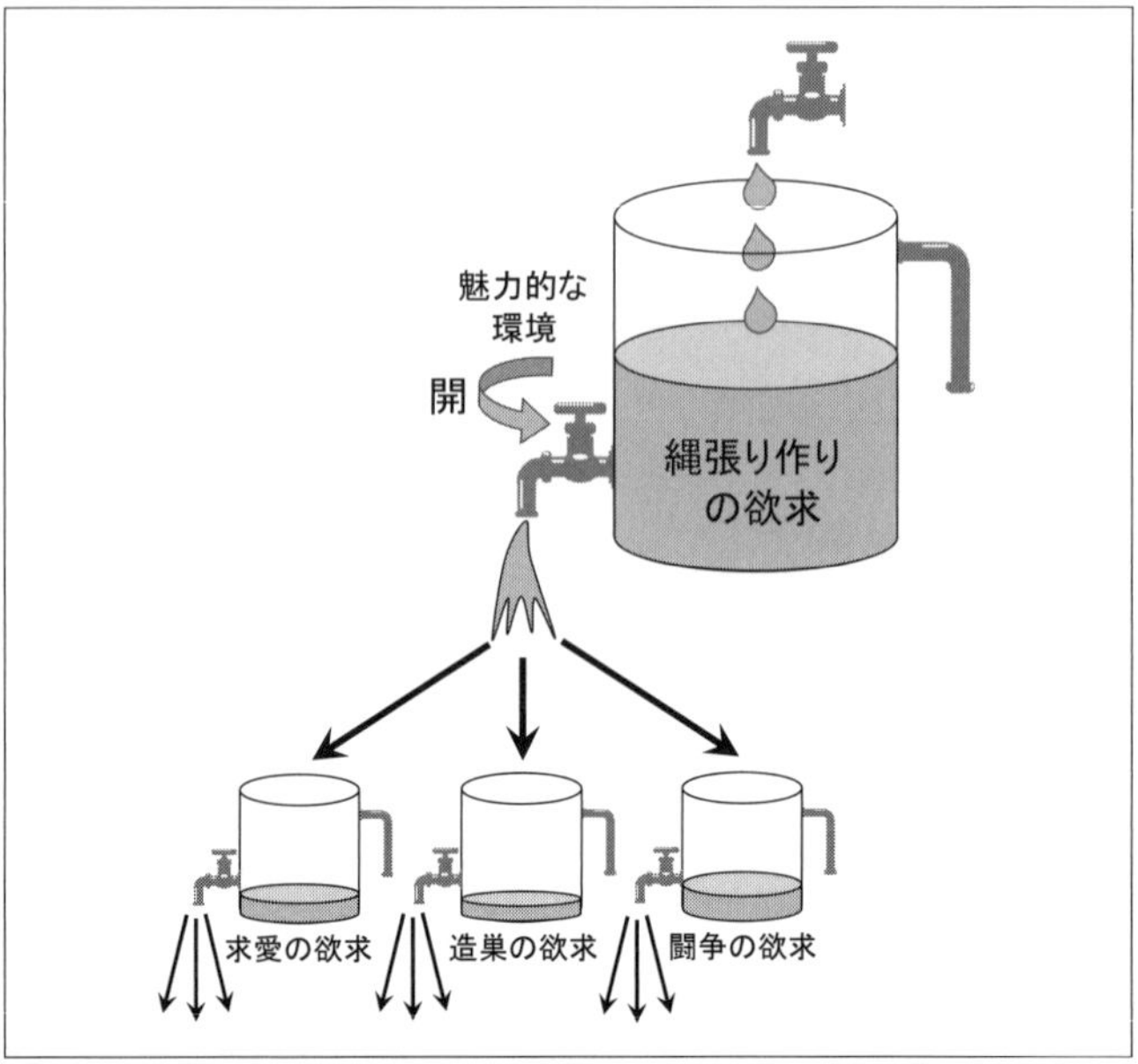

【図 24】 水は、図 23 のように、排水管を通して排出され続けますが、やがてバケツの左下の蛇口（図 21 の障害）が開かれるとそこから勢いよく流れ出します。この蛇口を開くのが「サイン刺激」です。勢いよく流れ出す水が、「衝撃」となった縄張り作りの欲求です。流れ出す水は、その下流に用意された新たなバケツ、すなわち新たな欲求の数だけ分岐します。ここでは、「求愛」、「造巣」、「闘争」の欲求をためるバケツです。それらには、上流のバケツと同様、上部には排水管、下部には蛇口が付いて、サイン刺激によって蛇口が開けられるまで水をため、そして、排水管から余分な水を出し続けます。図にはありませんが、それらの下流には、またバケツが待ち構えているのです。なお、バケツへ注がれる水は、環境からの刺激、例えば、ライバル雄や他種大型魚の出現によっても注がれます。従って本当はたくさんの蛇口から、水が注がれます。

たがってその数だけ蛇口を加えなくてはなりませんが、繁雑化を避けるため、図には加えていません。本当はたくさんの蛇口があると思ってください。

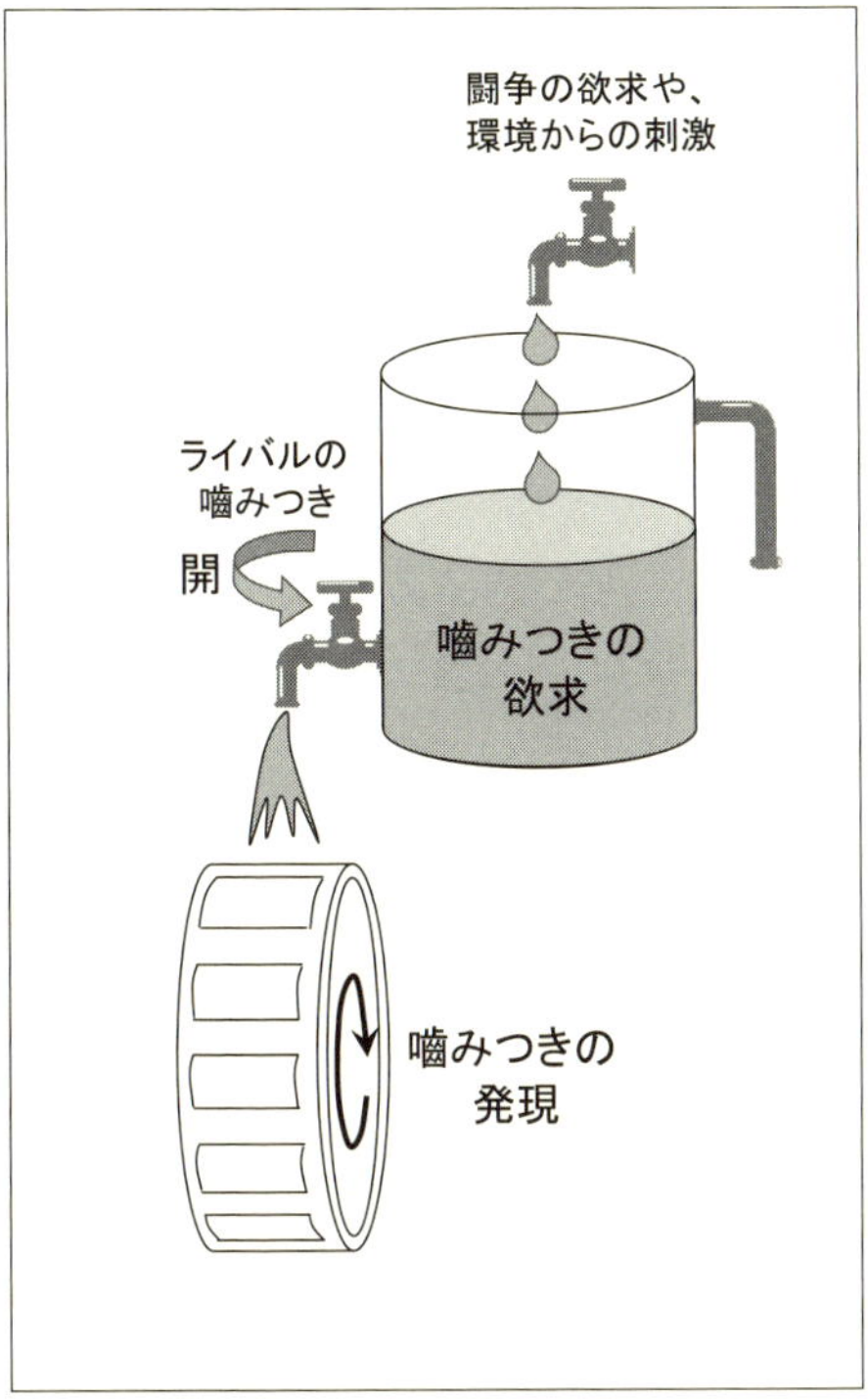

【図25】 最後のバケツの蛇口から衝撃として流れ出る水は、水車を回します。その運動する水車こそ、「定型的行動」です。図では、「噛みつきの欲求」が、「ライバル雄の噛みつき」というサイン刺激によって衝撃となり、下流の定型的行動、「噛みつき行動」を発現する神経と筋肉の協調的活動を誘発します。その活動の様子が、回る水車として表現されています。

動物行動学に潜む心

以上のように、ティンバーゲンは、定型的行動はサイン刺激によって発現すること、そして、その発現に至るまでには、動物の内部において、階層的に並んだ欲求が連鎖的に生じる過程があることを仮説として提案したのです。

また、彼は、各階層の欲求は、相互に作用し合うと考えました（163ページ【図21】）。例えば、巣作り中の縄張り雄は、赤い腹のライバル雄が縄張り内へ侵入すれば、気が気でなくなるでしょう。すなわち、「造巣」と「闘争」の具体的な行動（例えば、巣材を運ぶ、ライバルを威嚇する）の欲求は共に高まっているはずです。

このとき、ライバルが巣へ急接近してくれば、縄張り雄はもちろん威嚇行動を発現するでしょう。ところが、同時にものすごく魅力的な巣材を見つけてしまうことがあるかもしれません。いやむしろ、様々な刺激に溢れる自然界では、そのような、定型的行動の欲求が拮抗する状況はしばしば生じるはずです。

にもかかわらず、雄がライバルを威嚇し、とりあえず巣材の運搬を後回しにできるのは、各定型的行動の欲求の間に相互作用があり、動物がある瞬間に一つの行動を発現できるよう、抑制し合う仕組みがあるからでしょう。ティンバーゲンは、そのような「定型的行動の欲求の相互抑制」の仕組みも提案したのです。

ある種の動物において、定型的行動は多数あります。トゲウオの場合、前述の繁殖行動の中だけでも、数種の定型的行動（噛みつき、追跡等）がありましたが、他にも摂食、逃避等の生得的行動の中に多くの定型的行動が含まれます。そして、同じく前述の通り、定型的行動を発現する欲求は互いに相互作用し、そして相互に抑制し合います（【図21】）。

この相互作用は、特定の生得的行動の中の定型的行動の欲求間のみで生じるのではなく、生得的行動の種類（繁殖、摂食、逃避等）を超えて生じるでしょう。すなわち、ある動物の定型的行動の欲求は、そのすべての間で相互作用を生じているでしょう。それは、【図25】で示された定型的行動の欲求を表わすバケツがたくさんあり、それらすべてが繋がり、相互作用するということです。

これまでに出てきた定型的行動の欲求とは、ある刺激によって行動が発現する仕組み、すなわち「行動決定機構」に相当することに、読者のみなさんは気づかれたと思います。定型的行動は、その行動の欲求が高まったとき、サイン刺激が与えられると、発現します。ここに、私たちは、サイン刺激から定型的行動を発現する機構を見出します。それが、各定型的行動の欲求です。

そして定型的行動の欲求は、前述の通り、相互に繋がり、ネットワークを形成しています。このように、「定型的行動の欲求のネットワーク」は、「行動決定機構のネットワーク」です。したがって、ある行動を発現している欲求は顕在行動決定機構、そして、その他の抑制される多くの欲求は、隠れた活動体、すなわち心となるのです（【図26】）。このように、ティンバーゲンの考えた動物行動の発現の仕組みの中には、隠れた活動体としての心が組み込まれているのです。

ただし、ティンバーゲンと私の行動発現機構のモデルでは、重要な一点が異なります。ティンバーゲン、あるいは後の多くの動物行動学者は、「定型的行動の欲求の相互抑制は、自動的、機械的に生じる」と考えていた（あるいは、考えたかった）のではないかと思います。

一方、私は、隠れた活動体における「各行動決定機構（定型的行動の欲求）の抑制は、各機構の、各々異なるそれまでの履歴や、各々異なる隣接する機構の現在の活動状況を反映して個々に調整されるという意味で、自律的に生じる」と考えています（154ページ【図18】）。

動物行動学では、個々の動物間で生じる定型的行動の微妙な違いは、観察者の気づかない外的刺激や、当該行動の欲求の高まり方（すなわち、バケツの水の量）が個体間で偶然に違うこと、すなわち「量の違い」が主な原因と考えられてきました。

一方、私は、行動の違いの原因に、心、すなわち、「自律的に活動を抑制している複数の欲求の活動の違いの集大成」、すなわち「質の違い」を新たに加えたい、そして、行動の違いには個性が含まれる、と考えたいのです。

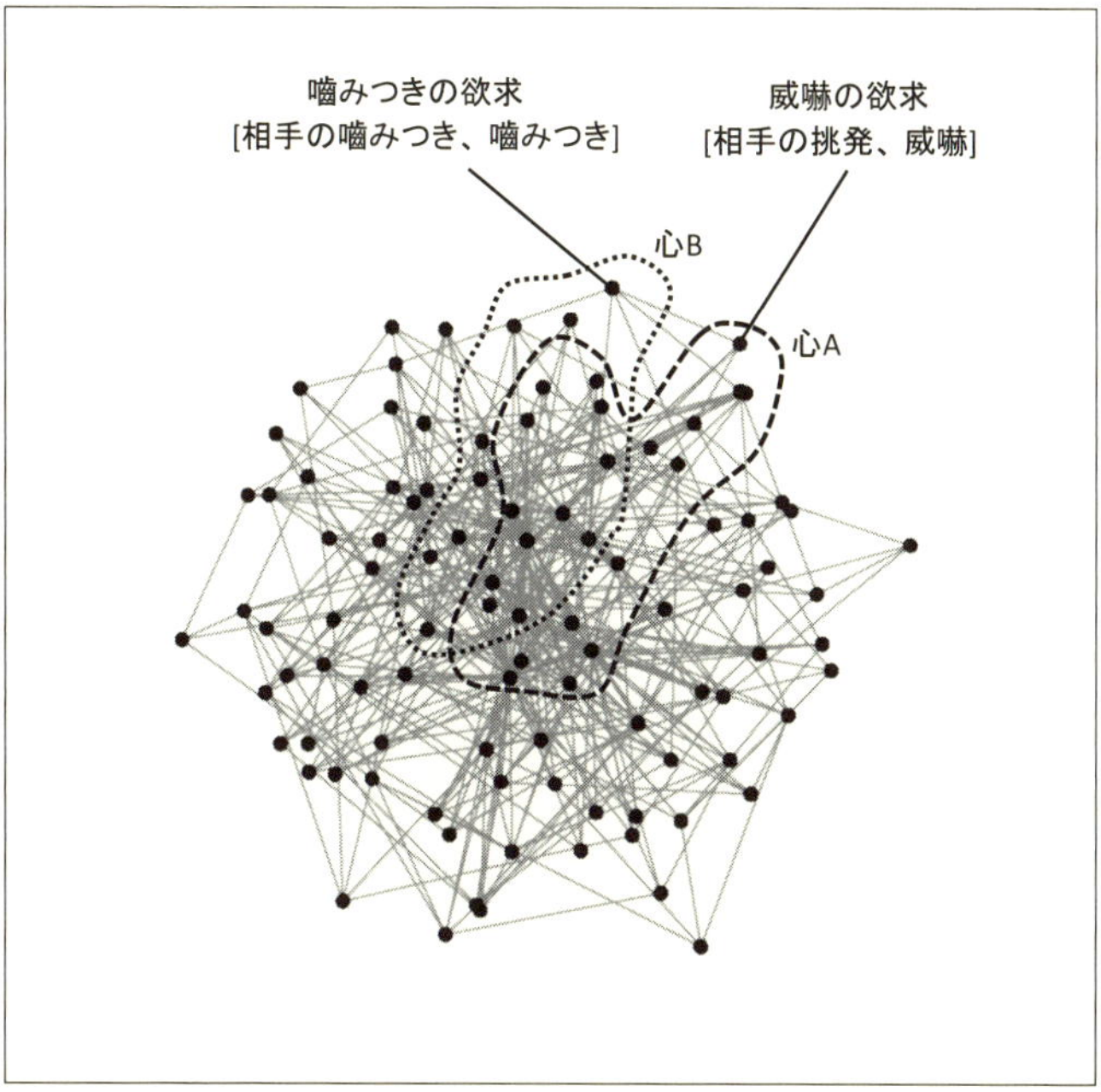

【図 26】　定型的行動の欲求＝行動決定機構が作るネットワークの概念図（図 19 と同じ）。黒丸が各欲求、灰色の線が神経系を表しています。例えば、「噛みつきの欲求」が、サイン刺激である「相手の噛みつき」によって衝撃となり、定型的行動である「噛みつき」を発現させるとき、行動決定機構である「噛みつきの欲求」は、顕在行動決定機構となります。このとき、行動が発現していない「威嚇の欲求」等、複数の欲求は、隠れた活動体、すなわち「心」となります（破線の領域。心 A）。同様に、「威嚇」が発現しているとき、それを実現させる「威嚇の欲求」は顕在行動決定機構となり、「噛みつきの欲求」を含む複数の欲求は、心となります（点線の領域。心 B）。

心は世界観を作る

これまでの考察によって、動物個体の間に見られる行動の違いには、骨格や筋肉の量といった体格の違い等によって生じる「量的な差異」だけでなく、心の違いによって生じる「質的な差異」が含まれることがわかりました。

私とあなたには体格の違いがあるでしょうから、カレーをディップしたナンを口へ持っていく速さは異なるでしょう。すなわち、私とあなたのカレーを食べる行動の間には、「量的な差異」があります。一方、心の違いもあるので、私はナンをカレーへ真っすぐディップし、あなたは軽くかき混ぜます。すなわち、私とあなたのカレーを食べる行動の間には、「質的な差異」もあります。ところで、そもそも個体間の心の差異はどのように生じるのでしょうか。

心とは、隠れた活動体、すなわち、潜在行動決定機構群です。動物行動学の言葉を用いれば、自律的に抑制する複数の定型的行動の欲求です。その各行動決定機構（あるいは欲求）は、それまでの活動の履歴や、隣接する機構の現在の活動状況を反映し、独自に活動を抑制します。だから、個々の抑制は自律的なのです。

このような、「抑制活動が時・空間的に異なる各行動決定機構の集合体」が、「隠れた活動体」、すなわち「心」なのです。したがって、心の時・空間構造は個体間で質的に異なるのです。「心の時・空間構造」は、その要素である各行動決定機構の活動の履歴や、隣接する機構との現在の相互作用を反映している、という意味において、心によるその時点での世界の解釈、すなわち、個体にとっての「世界観」であると言ってよいのではないでしょうか（【図27】）。したがって、各個体の行動は、各個体独自の世界観を反映し、質的な違いを生じるとも言えるのです。

私とあなたの間で異なるカレーの食べ方。そこには、その時点でのそれぞれの「世界観」が反映されているのです。確かに、そうだと思います。

音楽の好みはその人の世界観をよく反映すると聞いたことがあります（もちろん、音楽の好み以外も、世界観を反映するでしょう）。カレーの食べ方と好みの音楽の間には、関係性があるかもしれません。

心を備える動物は、勝手に世界観を作って行動するので、行動に個性が現れるのです。最も極端な場合、個性は行動の修飾に留まらず、突然異なる行動を発現させる、という現象として発揮されるでしょう。すなわち、心として隠れていた複数の行動決定機構の内の一つが活動を高め、現在の顕在行動決定機構と入れ替わるのです。例えば、【図26】において、心Aから心B（またはその逆）への変化が、環境の変化はないのに、突然、すなわち、内発的に生じるということです。

このような、顕在行動決定機構と心を構成する機構の入れ替わりは、各行動決定機構が、その活動を自律的に調整しているからこそ可能になるのです。このとき、同時に、心の時・空間構造も大きく自律的に変わり、動物の世界観も変わるのです。

カレーを食べているとき突然踊りだす人がいれば、その人は、食べるという行動と間違えて踊ってしまうわけではないはずです。その人なりの世界観、なんらかの理由を生み出しつつ踊ってしまうのでしょう。

ところで、勝手な世界観を作る能力は、動物が未知の環境に遭遇するときに大いに役立つでしょう。動物が、遺伝的に獲得した定型的行動だけを頼りに、機械的に環境内で生きるのならば、未知の環境に対応する行動がとれないため、環境と行動の間に不整合が生じても、それに気づけず、生命が危険に晒されるかもしれません。

一方、勝手な世界観を作れるならば、不整合に気づいて世界観を更新し、やがてそれを解消する行動を選択、あるいは、新たに生み出すことができるでしょう。すなわち、「カレーの食べ方が突飛な人や、突然踊りだす人は、未知の無人島に連れて行かれても、早々に悠々と暮らしだすかもしれない」ということです。

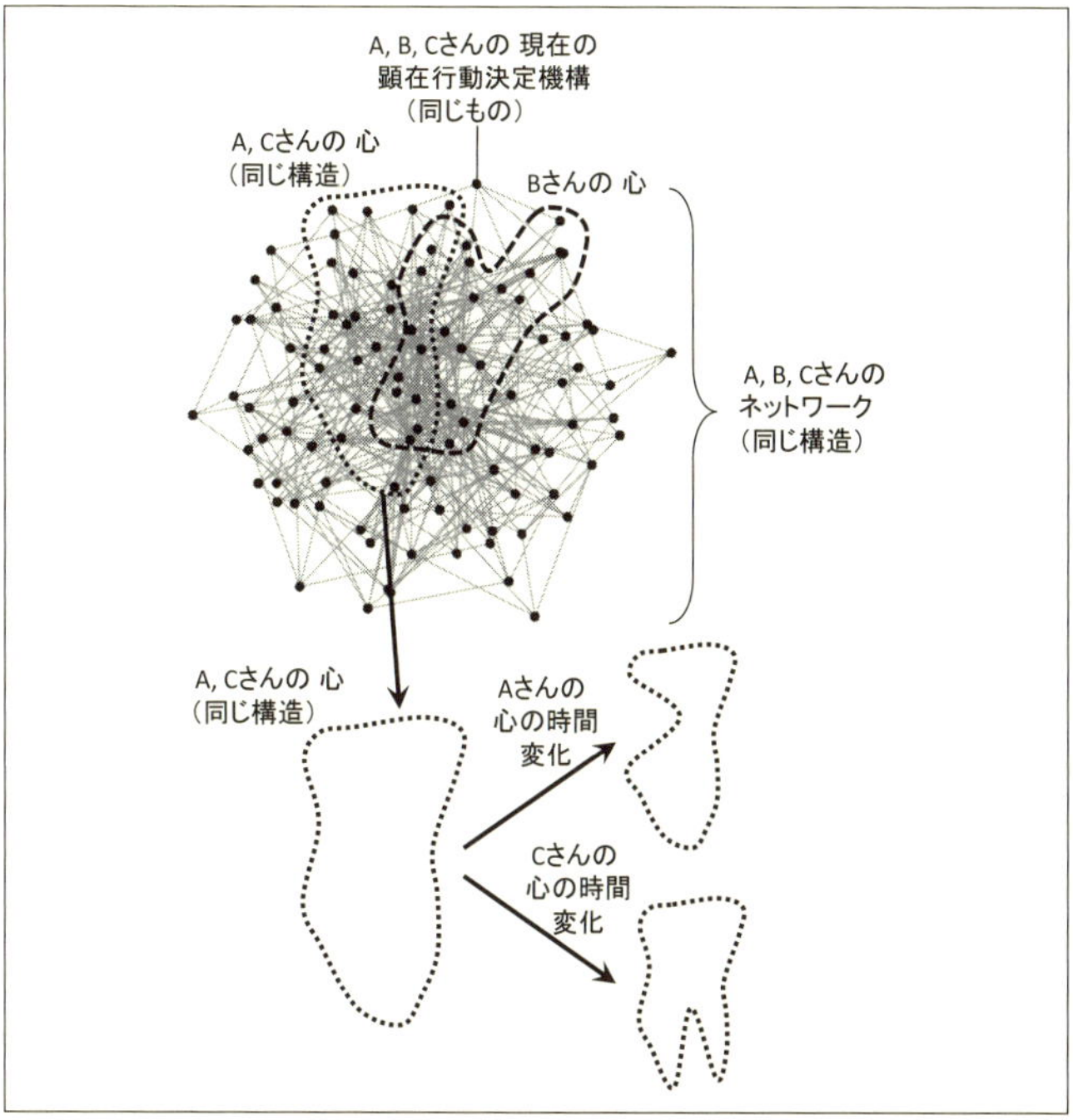

【図27】 A, B, Cさんの行動決定機構のネットワークの空間構造が偶然同じで、ある時、ある同じ顕在行動決定機構が働くとしましょう。それでも、それぞれの心となる潜在行動決定機構群の空間構造は、例えば、A, Bさんでは異なり（ネットワーク内の点線と破線）、A, Cさんでは同じ（同、点線）という場合があるでしょう。また、A, Cさんの心の空間構造がこの時同じでも、その時間変化の仕方は異なるでしょう（ネットワーク図の下の図）。このように、心の時・空間構造は、人によって異なり、個性をもちます。従って、A, B, Cさんの場合のように、たとえ現在働いている顕在行動決定機構が同じでも、時・空間構造がそれぞれ異なる心が、それぞれ異なる影響を顕在行動決定機構へ与えるため、行動に個性が現れます。私たちは、個性的な行動の背景に、その人の世界観を感じます。その世界観の正体は、人によって異なる、心の時・空間構造だと言えます。

ダンゴムシ

これまでの考察は、どのような動物も心を備えることを示唆します。そして、心の作用によって生じる行動の質的な違い、すなわち、個性が、未知の環境での行動に違いを与えそうです。個性の強い個体では、私たちはその世界観を垣間見ることもできるかもしれません。本節では、個性と未知の環境での行動の観点から、ダンゴムシの心に迫った実験を、前作『ダンゴムシに心はあるのか』に即して紹介します。

私が実験で用いているダンゴムシは、生物学的には、「オカダンゴムシ *Armadillidium vulgare*」です。庭先の石や落ち葉の下など、暗くて湿った場所でよく見かける、体長一センチメートルほどの黒っぽい小さなムシです。みなさんもおそらくご存じのとおり、彼らは触られると、体を球状に丸めます。丸くなる様子や歩く姿に愛嬌があるせいか、小さな子供たちにはかなり人気があります。

全世界の温暖な地域に住んでいます。人の生活する環境に住んでいるにもかかわらず、日本の古い書物に登場しないので、外来の帰化動物と考えられています。森や林には、日本の在来種と考えられているセグロコシビロダンゴムシという小型のダンゴムシが住んでいます。

この動物は、エビやカニと同じ甲殻類という動物群に含まれます。ですから、ムシといっても昆虫ではありません。もう少し細かく分類すると、「等脚目」という動物群に含まれます。仲間には、浜で見かけるフナムシ、陸に住み、ダンゴムシに見かけが似ているけれど体を丸めないワラジムシ、そして水深数百メートルの海底に住み、体長は十二センチメートルほどにもなるオオグソクムシなどがいます。

このように、等脚目の動物は、一般にいう深海から浅瀬、そして内陸までという広い範囲に分布しています。「目」というひとつの分類群で、このような多様な生息域を持つものはあまり多くありません。ダンゴムシは、実は、多様な生息域を持つ等脚目の動物の中で、陸上生活に最もよく適するように進化した動物種なのです。

ところで、歩行中のダンゴムシの前方に障害物を置くと、やがてダンゴムシはこれにぶつかります。そして、その個体が右（左）へ曲がった場合、体の左（右）側をその障害物に接しながら移動して、障害物から解放されるとき、左（右）へ曲がっていきます。クッパーマンは、この「ある時点の転向方向が、その直前の転向方向の反対になる」という反応を、「交替性転向反応」と呼びました。

この反応は、ヒトからゾウリムシに至る広範囲の動物種で観察されることが、六十年ほど前から知られています。しかし、その機構は未だはっきりしていません。ダンゴムシやワラジムシでは、この行動が起こる説明として、次のような機構がヒューズによって推測されています。

ダンゴムシの含まれる等脚目の動物では、主にワラジムシを用いた研究によって、「BALM（Bilaterally Asymmetrical Leg Movements：左右非対称脚運動）」という機構が、交替性転向反応の主な発現機構として推測されています。

BALMは、動物の左右の脚の活動量を調整する神経機構と考えられています。ダンゴムシは、腹側に七本の脚を左右それぞれ一列ずつ備えています。個体が障害物に遭遇して右へ曲がる場合、右側（インコーナー）の脚の活動量が左側（アウトコーナー）のそれよりも大きくなります。BALMはこの活動量の違いを次第に小さくする仕組みで、前述のように右へ曲がった後は、上がった右側の活動量を下げ、下がった左側のそれを上げようとします。その結果、個体は左向きに方向付けられ、障害物から解放されると、自ずと左へ曲がるのです。

自然界のダンゴムシは、移動中にしばしば障害物へぶつかるでしょう。そして、ぶつかる度に交替性転向反応を発現させることで、当初の移動方向を維持することができます。

移動方向の維持は、逃避のときに特に役立ちます。実際、クモに接触された（ダンゴムシと同じ等脚目の）ワラジムシは、されなかった個体より交替性転向反応を高頻度で発現することをカービンスらが報告しています。また、ヒューズは、乾燥等、彼らの生存に不適切な条件も、交替性転向反応の発現頻度を高めることを確認しています。したがって、交替性転向反応は、個体が

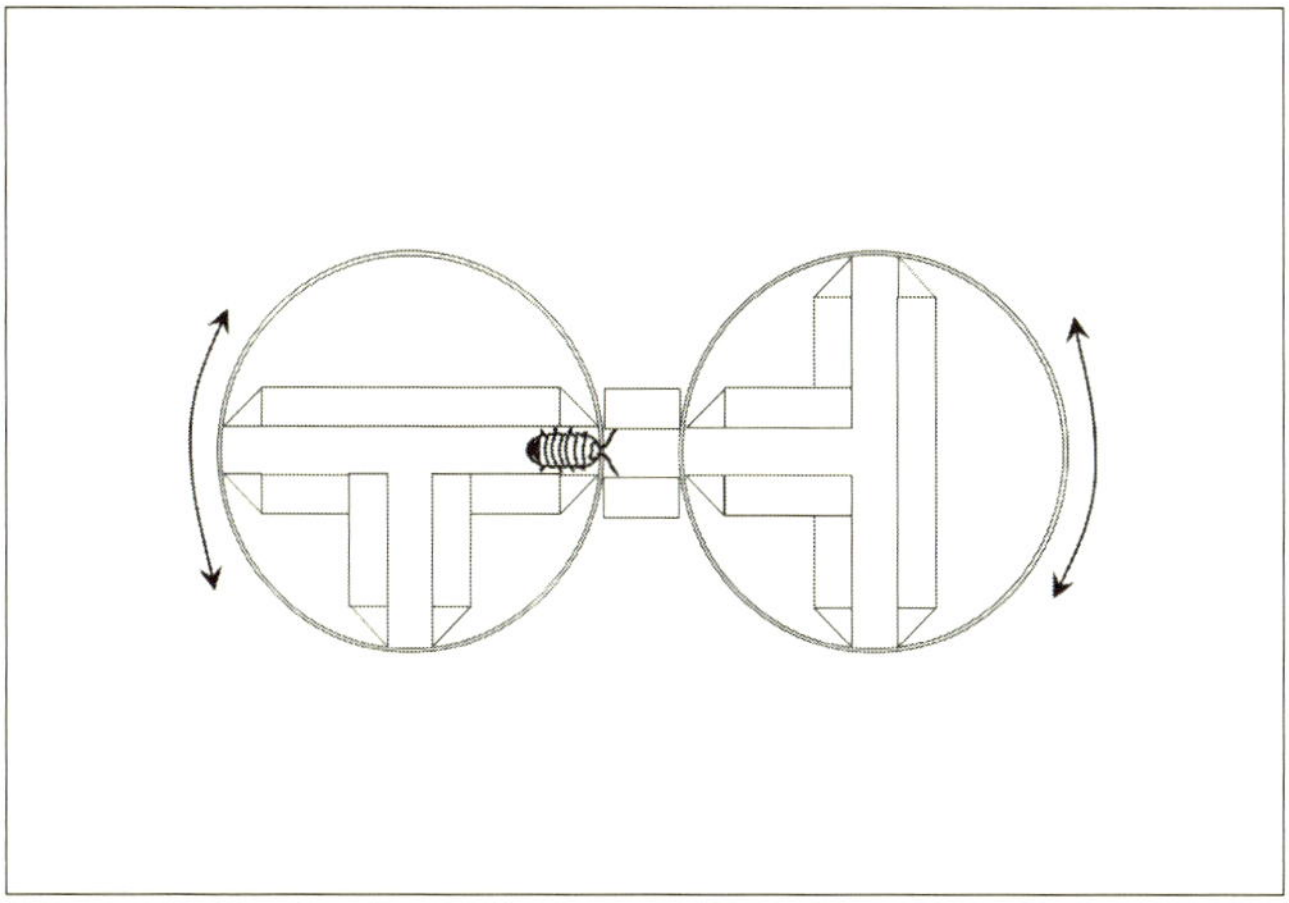

【図28】 多重T字迷路装置の概観。実験者は、T字迷路が搭載されたターンテーブルを回転させることで、ダンゴムシに何度もT字路を与えられる（詳細はMoriyamaらの2016年の論文中）。

逃避に動機付けられたときに発現する定型的行動と考えられます。

ダンゴムシの個性

実験では、私は、ダンゴムシ個体にT字路を何度も与えられる「多重T字迷路装置」を使いました（【図28】）。

装置を上から眺めると、T字通路が左右に二つ並んでいるのが見えます。二つの通路は、それぞれ直径五センチメートルの円柱でできたターンテーブルの上面に乗っています。実験者の私がこのターンテーブルを手で回すことによって、乗っているT字通路が回ります。両T字通路の間には、両者を繋ぐための「接続通路」があります。

ダンゴムシは、まずどちらかのT字通路に入れられます。そして、T字路に突き当たると、左右どちらかの通路を選びます。更に歩き続けると、そのうち通路は途切れるので、その直前に、私はターンテーブルを回し、個体を接続通路へと導きます。個体は接続通路内を進んでもう一方のT字通路に入り、同様にT字路で左右どちらかの通路を選択します。

このように、ターンテーブルを回して個体を二つのT字通路に繰り返し導くことによって、個体に左右の通路選択を何回も行わせました。ダンゴムシは通路の角の部分を利用して器用に壁を登ることができるので、通路の内壁には表面がツルツルしたテフロンシートを貼って壁登りを防ぎました。ただし、接続通路は直進路だったので、その内壁は素材の木材のままでした。

実験では、十二個体それぞれに対し、一日に百試行（以下では、一回のT字路への遭遇を「一試行」と呼びます）を続けて二日間、すなわち、計二百試行が与えられました。一日当たりの実験時間は約三十分でした。

実験の結果、交替性転向反応をずっと発現し続ける個体は現れませんでした。どの個体も、同方向の転向（右―右や、左―左）を繰り返す「反復性転向反応」をしばしば発現しました（【図29】）。

反復性転向反応は、この実験環境では抑制されるべき行動です。この発現の要因は、気温や湿度の変化等の外的因子、あるいは、心の変化という内的因子です。もし後者ならば、個体間で交替性転向反応に質的な差異が観察されるでしょう。そこで、T字路への遭遇十回ごとに交替性転

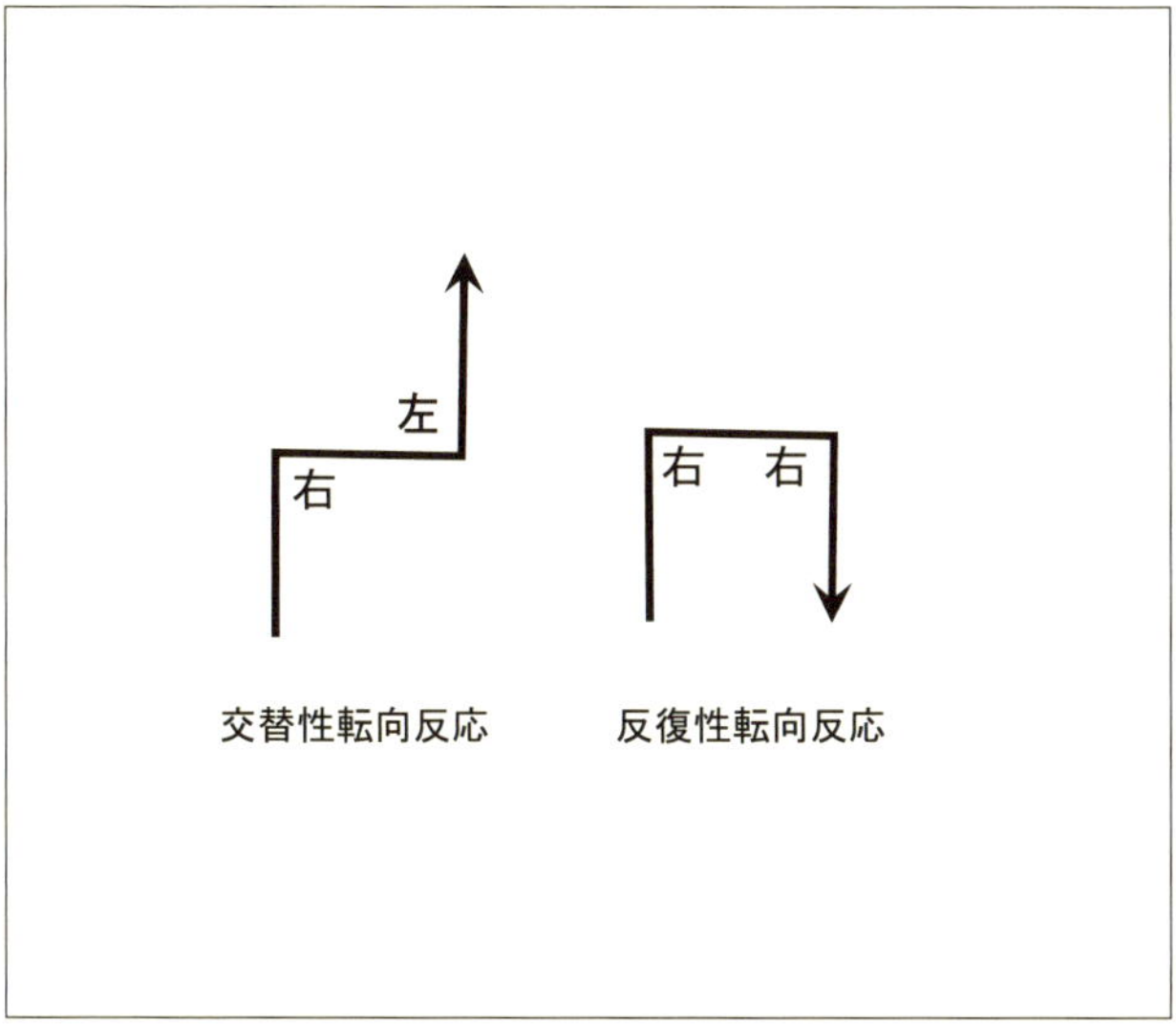

【図29】　交替性転向反応と反復性転向反応の軌跡の例。

向反応の出現率を求め、その時間変化を観察しました。

その結果、実験に使われた十二匹は、交替性転向反応を高い確率で発現し続ける「紋切グループ」（三個体）、低い確率が続く「誤動作グループ」（四個体）、そして発現率が大きく増減する「変則グループ」（五個体）に分けられました。このように、ダンゴムシの交替性転向反応の個性は、その発現率の変動様式として現れたのです。くだけた表現では、それぞれ「きまじめ」「変わり者」「気まぐれ」といった感じです。

実験室の気温や湿度、照度は極力一定になるように整えられたため、交替性転向反応の発現率の時間経過による違いの要因は、外的因子の変化より、ダンゴムシにおける内的因子の変化、すなわち、心の変化の可能性があります。もし彼らが心を備えるならば、未知の状況において彼らの行動と環境の間で生じる不整合に対し、彼らは、心を変化させ、新しい行動を発現させることで解消するはずです。

ダンゴムシの心

未知の状況は、翌日に各個体へ与えられました。それは、「交替性転向反応を発現すると『行き止まり』に遭遇する」という状況でした。

各個体は再び同じ装置に入れられ、前日と同じようにT字路を連続して与えられました。ただし、今回の実験の五十一試行目から、個体は、T字路で左右どちらかの通路を選択し、もう一方のターンテーブルへ移され、同じく左右どちらかの通路を選択した後、また初めのターンテーブルへ移されるのではなく、装置に備わる「行き止まり」へと導かれたのです。

個体は行き止まりで移動が妨げられると、もがくように前後に動き、やがてT字路まで後退すると方向転換しました。そして、もう一方のターンテーブルへ移動し左右どちらかの通路を選択した後、次のターンテーブルでは、再び行き止まりへ導かれました。

このように、この実験では、ダンゴムシは、「二回T字路に遭遇した後一回行き止まりに遭遇する」という状況を繰り返し与えられたのです。この状況では、交替性転向反応は個体の逃避を実現できず、環境との間に不整合を生じています。この不整合を解消するには、ダンゴムシは新たな行動を内発的に発現させるしかありません。

実験の結果、変則グループの五個体すべてが、行き止まりへ数十回遭遇すると「通路の壁を登って装置の外へ出た」のです。前日の二百回、そして今回の行き止まりが現れる前の五十回の、合わせて二百五十回の試行では、実験個体は壁を登らなかったのです。ところが、行き止まりを与えられると突如「壁登り」が発現されたのです。一方、紋切グループ、誤動作グループでは、合計七匹中一匹しか壁を登りませんでした。

「壁登り」は抑制されるべき行動です。ダンゴムシは壁を登ることはできます。公園の樹木やブロック塀に彼らが登っているのをしばしば見かけます。ただしそれは、雨上がりの後など湿度が非常に高いときに限られます。

ダンゴムシは乾燥に弱く湿ったところを好むとはいえ、湿度が高すぎると体内の過剰な水分を放出しなくてはなりません。したがって、雨上がりのような湿度の高い時は、その低い場所、すなわち、水たまりや湿った下草から離れた高所へと移動して水分を蒸発させようとするのです。

今回の実験では、実験室の湿度は三〇〜四〇%と低い状態が保たれていたため、壁登りは抑制されなくてはなりません。乾燥に弱い彼らにとって、より湿度の低い高所へ移動することは、生命の危機をもたらすからです。

本実験条件下での壁登りは、「高湿度」を外的刺激として生じたのではありません。変則グループのダンゴムシは、それを自律的に生成したとしか言いようがありません。個体は、顕在する交替性転向反応の行動決定機構を自律的に抑制し、潜在化していた壁登りの行動決定機構を顕在行動決定機構として発現させたのです。すなわち、彼らは「心を自律的に変化させた」のです。そして、「交替性転向反応を発現すると『行き止まり』へ遭遇する」という未知の状況が作った「逃避行動が実現しない」という、行動と環境との不整合を解消したのです。

紋切グループや誤動作グループにおいてそれが一匹でしか発現しなかった一方、変則グループにおいて壁登りがすべての個体で発現したのは、行き止まりにおける交替性転向反応と環境との不整合の解消には、交替性転向反応の発現率が頻繁に変化するという行動の質、すなわち、心の状態を頻繁に変化させる「気まぐれ」という個性が、偶然役に立ったからにすぎません。

恐らく、変則グループの個体は、迷路を歩行する間、気まぐれに心の状態を変化させ、様々な行動決定機構を試していたのでしょう。そして、それまで抑制されていた、通路の肌理《きめ》の粗さを刺激とする「登り」の行動決定機構の活動を高め、壁登り行動を発現させたのでしょう。

彼らは、心の状態を変化させる速さが他の二グループより勝ることを個性としていたのです。

したがって、紋切グループや誤動作グループも、実験時間を長くすると、壁を登ることが後にわかりました。また、行き止まりを設けなくても、迷路実験をより長く実施すると、実験途中で壁登りが出現しました。更に、誤動作グループのような「変わり者」がその個性を発揮するような未知の状況も工夫次第で設定できるでしょう。この分類グループの個体は「交替性転向反応を頑なに発現させせない」という世界観を持つので、「変わり者」なのです。

ヒトの場合、どのような状況でも独自の世界観を作る能力は、例えば習慣のまったく異なる外国で居住する場合には大いに役立つでしょう。母国の習慣にしがみつかず、かといって新しい地の習慣に振り回されないためには、独自の世界観が必要です。

以上のように、心は、未知の状況において、行動決定機構の自律的制御能を発揮し、新奇な行動を発現させ、生得的行動と環境との間に生じる不整合を解消するのです。

この実験では、もし三種の個性の原因が外的刺激だった場合、行き止まり実験で壁登りが発現することはなかったでしょう。交替性転向反応を発現させる心の状態、すなわち世界観を、自律的に壁登りを発現する世界観へ変化させた、気まぐれな変則グループの個体は、その変化の瞬間、私たちヒトが感じる、「ピンとくる」ような感覚を生じていたのではないでしょうか。

石の心

ここまで、ヒトを含む動物の心の正体とその働きを考察してきました。動物の代表として選んだダンゴムシは、心の働きによって、未知の状況において新奇な「壁登り」を創発しました。

ところで、心は、私たちが普段モノと呼ぶ対象において観察可能なはずです。なぜなら、既に述べたように、私たちは、世界の中の個々の対象を、要素から成る全体としてしか認識することができないからです。私たちは、「まったく一つから成るモノ」を、想像することができないのです。したがって、あらゆるモノは隠れた活動体、心を持ちます。そして、私たちは、モノを未知の状況に遭遇させ、予想外の行動を観察することで、その心の存在を確かめることができるはずです。

私はなぜモノに心が備わることを提唱し、実証したいのか。それは、「生きものも、モノも、物質から成るという点だけでなく、心を備えるという点からも平等である。だから、私たちは、生きものとモノを同様に扱わなくてはならない」という道徳観を主張したいからではありません。あらゆるモノに心が備わることを示すことによって、「まったく一つから成るモノは存在しない」という「モノゴトのあるがままの姿」を主張したいのです。

本節でも、まず導入として、『ダンゴムシに心はあるのか』で考察した石の心のありさまを、簡単に紹介します。

私にとって、石は「寡黙」の代名詞です。庭先でダンゴムシを擁する石は、「静止しようと行動」しています。静止中の石の表面は、大気や土に接しています。したがって、石の表面は、大気や土から様々な作用を受けています。水はもちろん、金属やガスなど様々な物質が石に到達し、石の表面はそれらと化学反応を起こしています。長い時間が経過すると、石は割れるかもしれません。このように、石の表面では「劣化」が進行しているのです。

重要なのは、その劣化速度は、「石によっても調整される」ということです。「石が何かを調整している」という言い方はあまり耳にしないかと思います。しかし、それは特殊な現象ではありません。

石が劣化するとは、石の表面がじわじわとはがれることです。この過程において、はがれ去り行く石の分子と、まだはがれない石の分子との結合が切れる瞬間は、両分子によって決められるとしか言いようがありません。すなわち、石が、劣化速度を調整しているのです。

石の表面は、ただ受動的に劣化するに任せているわけではなく、石の分子同士が表面の劣化速度をそれなりに調整しており、その結果、石全体の形状が保たれます。この様子を換言すると、「石は静止という行動を発現している」となります。

石が静止行動を発現するとき、その表面の劣化速度の調整、すなわち、石全体としての静止行動に関わらない、石の「他の部位（の分子）」も、間違いなく何らかの活動をしています。その活動の仕方によっては、石全体の変形、すなわち、「静止」に対する「余計な行動」が発現するかもしれません。したがって、石において、静止が発現しているときは、それに直接関与しない「他の部位」は、活動を調整することで、余計な行動の発現を抑制し、潜在するのです。

このように、石においても、「隠れた活動体」＝「心」が存在しているのです。したがって、私たちは、石を未知の状況に置くことで予想外の行動、例えば「ありえないような変形」を見出すことができるはずです。

石器職人は石の心を知っている

では、石にとっての未知の状況とは、どのようなものなのでしょうか。未知の状況とは、石に対し、従来の静止行動の発現を見直すよう迫り、予想外の行動の発現を促す状況です。私たち石を観察する者にとって未知であることとは別ですから、その状況とは、石に物凄い高温を与えたり、衝撃を与えたりすることではありません。

石において予想外の行動を引き出す未知の状況を設定できる人がいるとすれば、それは石の専門家、例えば、その研究者や石工、石の芸術家等でしょう。なぜなら、そのような人たちは、日々石に触れる過程において、しばしばその個性、例えば「なぜ目の前の二つの石は、同じ環境下でも、それぞれ独特に劣化するのか」「なぜこちらの石だけが人の目を引きつけるのか」という現象に触れ、石の内部に潜在する隠れた活動体に薄々気づいているはずだからです。

そして、石に心があると感じている人もいるのではないかと思っています。実際に、「石器職人」と言われる人たちは、以下で紹介する通り「石が割れてくれる」と感じるようです。

二〇一〇年に京都で開かれた日本生態心理学会大会で、私は野中哲士《てつし》氏（現・神戸大学准教授）の研究報告を聞きました。野中氏は、人間が「わざ」を修得する過程の分析を研究テーマの一つとしていて、大会ではイギリスのレプリカ石器職人の石器製作過程の観察結果が報告されました（【図30】）。

彼らは、石器の元となる「石核」を「ハンマー石」で何度も打ち割り、目標の形へ整えていくのです。もちろんですが、力ずくでハンマー石を石核へ当てるのではありません。力ずくで割るとは、石核を「壊す」ことです。それでは、石核はとても石器に近づかないでしょう。

報告された実験では、熟練者、中級者、初心者のそれぞれ数人が石核を手渡され、打ち割りたい剝片の形を石核にマーカーで描き、続いてマーカーで描いた部分をハンマー石で打ち割るよう要求されました。

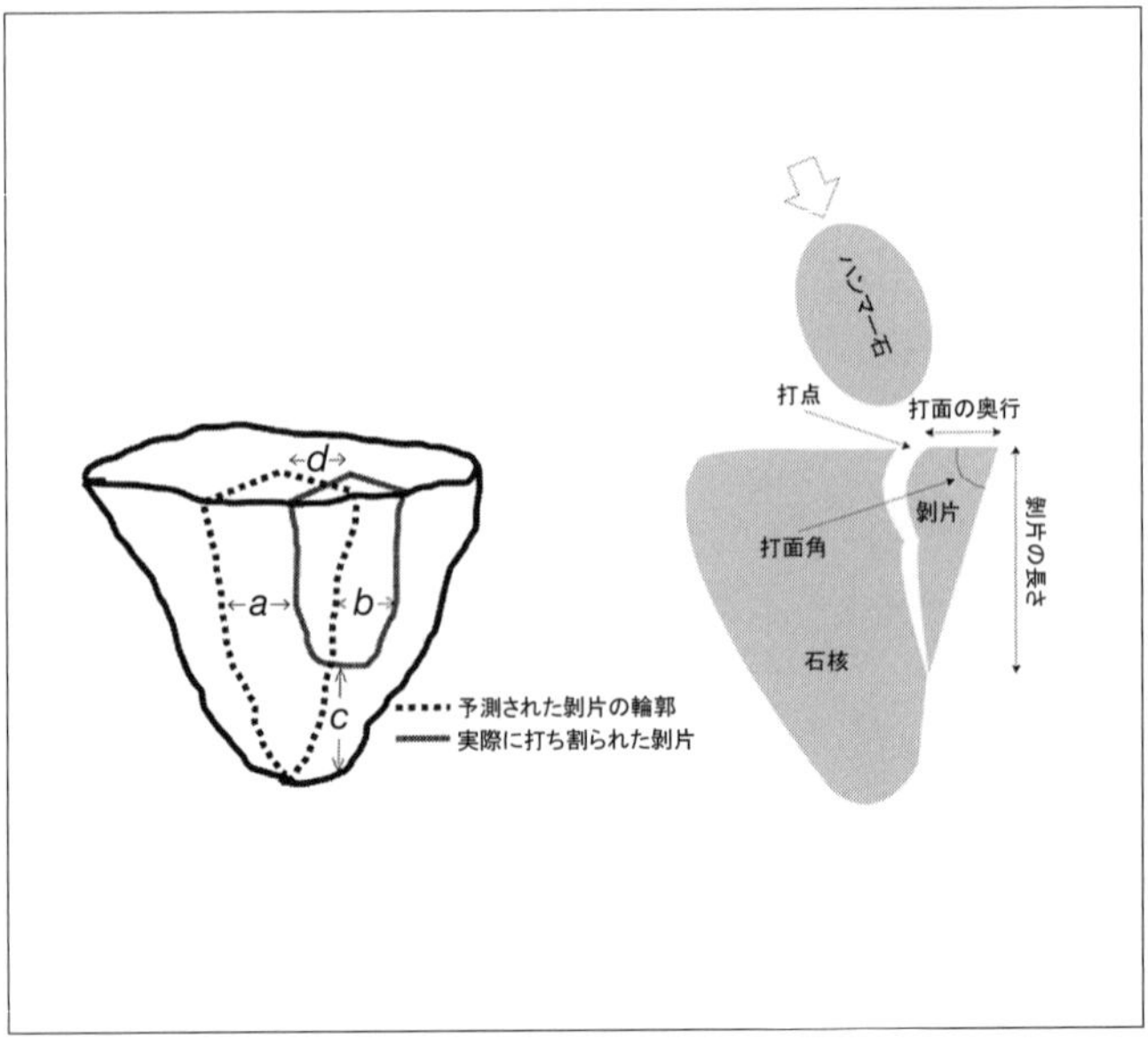

【図30】 図は、野中哲士、ブロンディン・ブリル、ロバート・ライン著、「初期石器の打割りにおける剥片のかたちの予測と制御（日本認知科学会第27回大会　発表論文集、2010年）」より抜粋。熟練者では、予測された剥片の輪郭と実際に打ち割られた断片がよく一致します。

実験の結果、熟練者ほど、より小さな力で予測に近い剥片を打ち割ることが分かりました。熟練者は、初心者のころから続けた多くの試行錯誤の末に、思い通りの剥片を得られるようになったのでしょう。思い通りに割れる石。よく考えてみると、それはもはや石とは言えないのではないでしょうか。石とは、固くて割れないモノの代表格のはずだからです。

私はこの研究報告を聞いている最中に、「熟練者が石の心を察知している」と確信しました。そして、報告が終わると、野中氏に近寄って次のように尋ねました。「熟練者は石を割ったとき、『割ってやった』と思うのでしょうか。それとも『割れてくれた』と思うのでしょうか」と。野中氏は即答しました。「石器職人は、『割れてくれた』と言っていましたよ」と。私の予感は的中しました。石器職人は、自分の力だけで石を思い通りに割ったとは思っていなかったのです。それは、職人が石の自律性を感じていたことを意味します。

どの職人も、初心者のころは、もちろん石核を割れず、試行錯誤を繰り返すでしょう。そしてなぜ割れないのか、どうしたら割れるのかと苦悶するでしょう。それでも石核を打ち続ける職人は、次第に割れなくても苦悶しなくなるのではないかと思います。

「打つとカツンと響く」。職人でなくとも、だれでも知っているその事実を俯瞰的に再認識するとき、職人は、「響くとは石の行動であること」、すなわち、「打たれる、響く」という行動決定機構を石に見出すのです。そして、石に備わるこの一つの行動を知ると、彼は自ずと「響く」以外の行動決定機構の存在にも気づくはずです。なぜなら、私たちは、世界の中の個々のモノゴトを、要素から成る全体としてしか認識することができないからです。「まったく一つから成るモノゴト」を想像することができないのです。そして実際に、世界は要素から成る全体です。

ですから、職人は、例えば、響き方は同じでも、手に伝わる振動が石によって異なること等の現象に気づくことでしょう。それは石の個性であり、動物の研究者が、行動の個性に気づくのと同様のことです。

石の個性に気づいた職人は、石の内部でそれを生成する何者か、すなわち、「隠れた活動体」の存在を知ることになります。すなわち、職人は、石を打ち、石がカツンと響くとき、石は、［打たれる、響く］を発動し、同時に、その内部に潜む、［打たれる、振動する］が響きを修飾することを知るのです。そして、石の「響く」という行動を修飾する「振動」の多様性に興味をもつにつれ、石を様々な方法で打ち始め、やがて、振動の仕方を職人は制御できないこと、すなわち、個々の石は多様な振動を自律的に発現することを体験するでしょう。

そうするうちに、やがて彼は［打たれる、割れる］も当たり前に石の内部に潜むこと、更に、その活動を「石の自律性に任せて引き出す」ことは、多様な振動を引き出すことと同様に可能であることを知るでしょう。そして、やがては石核を打ち割る打ち方を見出すのでしょう。だから、職人は「石は割れてくれた」と表現するのです。

私は、いつか、石核を打ち割るコツを職人に聞きたいと思っています。その打ち割り方は、私がダンゴムシの壁登りを引き出した、「行き止まりのある連続T字迷路」のような、定型的行動と環境が不整合を生じる方法と同様、石核とハンマー石が不協和音を出すような不整合を生じる方法なのではないかと期待しています。

終　章　モノの心

マグカップハンマー

ここでは、私のモノとの接し方に対する考えを述べながら、これまでの議論をゆるくまとめていきたいと思います。

白湯《さゆ》の入ったマグカップからぬるい白湯をすすりたい。そう思う私がマグカップを掴もうとするとき、私の脳はその属性である色、かたち、大きさ、位置（距離と方向）、その歴史（いつから机の上にあるのか）等を集め、総合し、イメージを作ります。そしてそれが記憶の中にある、白く、しかし薄汚れ、内側がコーヒーの染みでこげ茶色に変色したカップと一致するとき、目前のカップを私のマグカップだと判断します。このように、私の外側の対象は、私の内側の記憶内容と照合され、合致するとき、モノとなるのです。モノとは、私によって理解、説明、制御、言語化された外側の対象です。

モノとなったマグカップは私の内側へ捕捉され、生涯私に白湯を、あるいはコーヒーを提供し続ける役を担い続けるかのように見えます。しかし、そうではなく、モノ化とは、その対象が新たな対象となって私の外側の世界に生み出される生成の過程でもあるのです。なぜなら、モノも生きものも、新しい行動を創発しようとする「心」を持つからです。そしてその機会は、以下の例のように、偶然訪れます。

あるとき私は、少々分厚い書類の束を捲っていました。不器用なくせに手荒な私のせいで、束を止めていたホチキスの針がはずれてしまいました。私は針を抜いて捨て、机の中からホチキスを出し、束の右上隅をはさみ、強めに力を加えました。

ガチャリと音が響きました。しかし、針はうまく止まりませんでした。書類の裏側では針がその二本の足を真っすぐ出していました。力がうまく加わらず、足が曲がらなかったのです。そして気づくと、私はいつものマグカップを手に取り、その底でホチキスの針の足をゴンゴンと叩いて曲げ、書類を束ね終えました。私は咄嗟に、マグカップをハンマーのように使ったのです。

このような、よくありそうな出来事の中に、実は「マグカップの心」が現れています。私の机の上の薄汚れた白い陶器は、飲み物を提供するという意味において、マグカップというモノです。ところが、「そのマグカップは、ハンマーへと生まれ変わった」のです。多くの読者は、こう反論するのではないでしょうか。「それは正確な表現ではない。『あなたが』、ハンマーとして使用したのである。マグカップが自ら生まれ変わった、というわけではない」と。

一方、私は、マグカップは私によってハンマーへ変えられただけではない、と感じ、そして、理解しています。私は毎朝、マグカップにコーヒーを注ぎ、昼に白湯を注ぎます。その繰り返しで、マグカップは飲み物を入れるためのモノとしてのあり様を確立されていきます。

ところで、私が毎日飲み物を飲み、マグカップを机の上に置く度に、それは音を立てているはずです。しかし、私の意識は、その音を知りません。マグカップを、飲み物を入れるモノとして理解する私の意識にとって、マグカップの音は、確かに存在するのに、「隠れている」のです。したがってその音は、私に制御されることなく、マグカップによって「自由に奏でられている」のです。

マグカップを構成する陶土の粒たちは、私が机の表面にそのマグカップの底を当てるとき、どの程度振動するのかを、「自ら」決めるのです。私の意識には感じられない、対象におけるこのような「隠れた活動体」こそ、「心」なのです。心とは、外からうかがい知ることができないけれど、対象の内部に間違いなく存在する、何者かです。

こうして、容器というモノとして確立されていくマグカップは、その心の現れである机との接触音を同時に生み出しているのです。マグカップは、私の意識によってモノ化され、制御されたことで、逆に、私の隙をついて、自由に接触音を作る機会を得たのです。

ところで、このマグカップの音を、私は感知しないと言いましたが、私の心はそれを感知しているのです。マグカップを使う私における心、すなわち私の隠れた活動体は、無意識下の私の活動です。カップを机に置くとき、私の指先は、無意識に、カップが生み出す振動を感知しているはずです。カップが容器として扱われるとき、このように、私の心とカップの心の隠れた相互作用が進行しているのです。

心の相互作用

上記のような、私の心とモノの心の相互作用は、私の意識が展開する世界には現れません。ところが、偶然をきっかけに現れることがあるのです。その一例が、マグカップがホチキスの針の足を叩くハンマーとして使われた現象です。

机の上を見渡し、何かよい道具はないかと思いを巡らせる私において、周囲のモノゴトを、特定の意味を備えるものとして捉えようとする「意識の箍《たが》」は緩くなっています。私の意識が、「針を叩かなくてはならない。固いものを叩く道具とはハンマーだ。ゆえに、道具箱を取りに行こう」と推論していれば、カップはハンマーとして用いられなかったでしょう。

偶然にも、「何かないかなあ」という、無目的にも近い探索を実行した私の意識が、無意識下の私の指の感覚の記憶、すなわち、心が感じた「カップが生み出す自由な振動の記憶」を、検知したのです。「あ、これでいいや」とマグカップで針を叩こうとした私の脳内で生じたのは、そのような過程であったと思うのです。

こうして考えてみると、「ひらめき」とは、決してまったくの無から有を作り出すことではないことがわかります。それは、緩んだ意識が心の隠れた活動を偶然に任せて掬い取る過程です。私の心の活動の一つは、モノ化させた対象に潜む心の活動と意識との隠れた相互作用です。対象がマグカップの場合、それは、マグカップが机との接触で作りだす音を、無意識の内に感知する活動です。

この意味で、マグカップは私によってハンマーへ受動的に変えられただけではないと、私は確かに感じ、そして、マグカップはハンマーへ能動的に生まれ変わる可能性を常に備えていた、すなわち、「マグカップは常に何者かへ生まれ変わろうとしていた」と理解できるのです。

人の心とモノの心の相互作用がより積極的に使われているのが、第三章で紹介した石器の製作現場です。石を思い通りに割る熟練者と石との間には、心の相互作用が成立しているはずです。

熟練者にとっても、素人の私たちと同様、石は石。固くて割れないモノのはずです。彼らは、意識の上では石をそう認識しつつ、割る時にはその認識の箍をはずし、割ろうとは思わず、もっとニュートラルな意識状態を保とうとしているのではないでしょうか。それは、マグカップをハンマーとして使えたとき、なんとなく周囲を探索した私の意識状態と、本質的には同じはずです。

熟練者は、自分の心が獲得した何らかの感覚が導き出されるような状態を作り、石を打つのでしょう。その感覚は、熟練者が普段石を打つ時に、彼の心が感知する石の心の発する表現です。マグカップと同様、石は隠れた活動として、例えば特異な振動を、割る職人の手に伝えているでしょう。だから、熟練者は石を割ったとき、「割ってやった」と思うのではなく「割れてくれた」と思うのでしょう。

石器職人は、石を自分の力だけで思い通りに割ったのではないと感じていたのです。彼の心が感じるその感覚を、彼の意識が言語化するのは簡単ではないでしょう。彼の心が感じたのは、石の心が発する特異な振動のような、何らかの刺激だと思います。それは、石が何者かへ変わろうとする行為であり、熟練者はそれを利用して、割れないモノとしての石を、割れるモノへと生まれ変わらせるのです。

発酵と心

石器職人が「石が割れてくれた」と思うという報告は、本当に興味深いです。ところで、私たちにとって、食品の加工は、石器の加工に比べより身近です。私は、特に「発酵」という現象に深い興味を持っています。

腐りかけの食べ物に新しい価値を見出した古《いにしえ》の人々の感性には大変感心します。酒、醤油、味噌、納豆、チーズ、キムチ。私は何れも大好物なのです。私の夢の一つは、いつかイヌイットの作る「キビヤック」を食することです。これらを見出した人々は、腹を満たすモノが台無しになりかける過程で、それが新たに生まれ変わろうとする能力、その心の働きを感じ取ったのだと思います。

ところで、大豆は、発酵だけでなく、様々に手を加えられ、その生まれ変わる能力を最も多様に引き出された食べ物の一つではないでしょうか。このように考えたのは、私の次女が小学三年生のときに使っていた国語の教科書に掲載された、「すがたをかえる大豆」（国分牧衛著）を偶然読んだ時でした。淡々とした文章を読み、私は、「作者はきっと、大豆という食べ物の心を語るためにこれを書いたに違いない」と思いました。

本文には、「大豆はむかしから手を加えおいしく食べる工夫がなされてきた。一番簡単なのは、そのままの形で炒《い》ったり煮たりする工夫だ。たとえば煮豆である。粉にひく工夫を施すと、きなこになる」といったような記述があります。炒り豆、煮豆、きなこ。これらは、大豆が原料だとわかります。大豆は、確かに腹を満たすモノとして扱われたのです。次に、筆者は豆腐や納豆、味噌、醤油などに言及し、「大豆の種を日光にあてず水で育てた工夫の末がもやしだ」と展開していきます。そして「大豆のよいところに気づき食事に取り入れてきたむかしの人々の知恵におどろかされる」と結んでいます。

このように、大豆は人間に様々な条件を与えられ、様々に姿を変えてきたのです。納豆菌やコウジカビによって発酵させられ、時には水だけが与えられたのです。こうした未知の状況に直面し、大豆は納豆や醬油、もやしというおよそ大豆とは想像できない新しい姿を発現させてきたのです。

職人が大豆へ未知の条件を与えるとき、大豆がどんな反応をするかなど、もちろん分からなかったはずです。彼らは大豆の反応に翻弄されながらも、試行錯誤して条件を調整し、遂には大豆に潜む、自身を変えようとする力、心の能力を最大限に発揮させたのです。

職人の試行錯誤は、もちろん出鱈目、無根拠な作業ではなかったでしょう。ただし、明確な根拠や自信があったわけでもなかったはずです。それでも彼らが試行錯誤に取組めたのは、大豆の心を感じていたからでしょう。

それは、大豆を炒ったり、煮たり、つぶしたりしていたときに、無意識下で感じていた大豆の手触りや表面の艶、風味などでしょう。そのような大豆の隠れた属性、すなわち、大豆の心の表現を、決して職人の意識は制御できません。それらは、大豆が自律的に調整するのです。

醬油、味噌、納豆、もやし。職人が工夫を凝らした加工品は、職人が人間で、人間は大豆を知りつくし、その性質を完全に把握したから実現できた、のではありません。彼らは、大豆の心、自身が変わろうとする能力を感じ、それを最大限に引き出す工夫を考えたのです。そして、その工夫に大豆が応えたのです。だから、納豆を完成させた職人は「大豆を変えてやった」とは言わなかったでしょう。「大豆が変わってくれた」。きっとそうつぶやいたはずです。

意識の箍をはずす

マグカップの例のように、モノの心は、世界の対象をモノとして扱う私たちの意識が、その箍を偶然はずす機会とともに、意識の上に現れます。箍をはずす訓練を実施すれば、石器職人のように、モノの心と必要に応じて出会うことができるようになるでしょう。そして、味噌や醤油職人のように、モノに思い切った未知の条件を与えることで、モノの心により早く接触し、また、モノに劇的な変化を促すことができるのです。

対象を動物として、彼らに思い切った未知の条件を与えると、動物の心に接触することができます。私はこれまでにダンゴムシとオオグソクムシの心に触れ、彼らの行動に興味深い変化を促す実験を行ってきました。本書ではその一例を紹介しました。現在、新たな実験がぞくぞくと進行中です。

一方、私たち人間は、特別で手のかかる状況を与えられなくても、日常的に意識の箍を自律的にはずして心の感度を上げておくことができます。そして、そのことによって、自らに変化を起こせる可能性が常に開かれています。ここでは、私の妻のエピソードを基に、意識の箍を自律的にはずす方法を紹介します。

デヴィッド・ボウイが亡くなって約一カ月が経ったある日曜日、八〇年代にヒットした彼のアルバムを聞きながら、「あのころは足繁くCDレンタル屋へ通ったなあ」などと、妻と茶の間で話していました。当時バンドを組んでいた彼女は音楽活動に熱心で、友だちともCDを頻繁に貸し借りしていたそうです。ただ、友だちから借りたCDを返すのをよく忘れたそうです。そして、結局返す機会を逸したCDの幾つかは自分のものになってしまったそうです。一方で、自分のCDも返ってこないことがよくあったそうです。

「借りたものは返す」。この鉄則は、人間の社会を成立させるのにもちろん重要な役割を果たします。人はこの鉄則に従うべきだ、と考えるとき、人はそのような属性をもつ機械、モノとなります。しかし、人のモノ化は、隠れた活動体の存在を知った私たちにおいては、悲観すべきことではありません。モノ化は、借りても返さない行為を、自律的に、隠しておくべき活動、すなわち心としておくべき活動とします。私の妻の場合、心として潜在させておくべき活動が外へ現れてしまったのです。

ここで重要なのは、「貸したCD、返して」と言わない友人が多かったということです。妻を含む幾人かは、心をむき出しにし、かつ、相手の心の活動を受け入れる、すなわち、「借りたものは返す、『だろう』」という、「借りたものは返す」という意識が作り出した鉄則の箍をはずしていたのです。したがって、このグループでは、相互に心を受け入れることで、自身が大いに変化するできごとがあったはずです。

ＣＤの返却が不確定な貸し借りが続いていると、あるとき、自分のＣＤの棚に他人のＣＤがあることに気づくでしょう。そして「しまったなあ」と思いながらも、「まあ、いいか」となります。重要なのは、「まあ、いいか」となり、他人のＣＤを自分のものにしたことをきっかけに、「ちょっと聴いてみようかな」という気持ちが発生することです。そのことで、普段聞かないジャンルの音楽を聴く機会を得るのです。この新しい体験によって、様々な発見を得たと彼女は言いました。そしてそのことが、次の新しい作曲や演奏の糧になったそうです。それは、彼女自身が大いに変化するできごとです。

こうして、他人のＣＤを奪うという「非人道的行為」によって、互いに、知らず知らずの内に切磋琢磨という「美しい行為」が自律的に進行していったのです。一方、「がんばろう」と言って肩を叩きあい、時には互いを厳しく叱咤する、辞書の意味になりそうな切磋琢磨には、その行為に隠れた「でも生き残るのは私だけ」という「黒い心」が見え隠れします。

妻たちの、社会の鉄則の箍をはずしたゆるい行為は、一般社会の観点からは、だらしない行為と見なされるでしょう。しかし、その代わり、静かに、そして他人とは無関係に、自らが成長する「静寂の切磋琢磨」を、粛々と進行させたのです。ただ、もちろん、時々は「ＣＤ返してよ」という催促があったらしいです。また、社会の鉄則を強固に守る人は手厳しいので、次の例のように、ちょっとしたもめごとが生じたこともあったそうです。

あるとき、妻は、ＣＤではなく、友だちから数学のプリントを、期末テストの勉強のために借りました。テストの日は迫っていたので、さすがに早めに返さねばと、数日で返したそうです。しかも、プリントが鞄の中でしわくちゃにならないようにと気を使い、二つ折りにして教科書のページの間に挟み、きれいな状態で返したのです。しかし、この気遣いが、予想外の悪い結果を生んだのです。

妻は、しわになるどころか、教科書に挟まれることでむしろピンと張ったプリントを、胸を張って返そうとしました。ところが、貸した友だちはあからさまに嫌な顔をしたのです。そして「折れているじゃない」、と言い放ったそうです。

「借りたものを元通りに返す」。これを鉄則とする人は、すべての人がこの規則の箍をはずさないと信じています。規則の箍をはずさない人のみで構成される世界は、相互作用において齟齬が生じず、あらゆるやり取りが効率よく円滑に進むでしょう。その代り、齟齬から生じる新しいできごとはありません。齟齬を生じる人は効率的相互作用を妨げるものとして排除されるのです。妻は、「折れているじゃない」の一言によって、排除されたのです。言い放った友だちは、「教科書アイロンのわざ」を知ることを逃したのです。

一方、現実の多くの人々は、規則を知りつつも箍を少しはずしておくものです。それは、隠しておくべき自分の心を若干顕わにし、相手の心を受け入れる余裕を備えておくことです。そうすることで、互いに生じる齟齬は、排除されるどころか、新しいできごとの種となるのです。

区別する、差別しない

モノとは、私によって理解、説明、制御、言語化された、私の外側の対象です。そして、ある特定の属性を持つ、あるいは、特定の規則にしたがって振る舞う対象として理解されます。

ところが、モノは、その属性や規則に合わない部分を必ず備え、私が思っていた以上に多彩、複雑であることが次第にわかってきます。私は、そういった、霧が晴れて広がる景色のように見えてくるものが、モノの心である、と言いたいのではないのです。

そうではなく、モノは、その属性や規則に合わない部分を常に「生み出そう」としていて、私が思っていた以上に「懐かない」ことが次第にわかってくるのです。だから、新しい関係を作り続けることで、私たちはモノと付き合っていくことができるのです。私は、「私たちに見取り図や景色のようなものを与えない、決して懐かない原動力を生み出す何者か」を、心であると言いたいのです。

読者のみなさんは、このように現れる心を、私たちは無理に理解しようとすることはないと考えるかもしれません。しかし、心は、私たちが日々言葉を使うがゆえに、どうしても現れるのです。だから、安易に無視するわけにはいかないのです。

言葉という論理の「影」として、そして、新しいできごとを生み出す「原動力」として存在する心の出自と、その意義を、じっくり考えることで、私たちは、生きものとモノを、いや、世界のあらゆる対象を、「区別はするけれど、決して差別はしない」という世界観を得ることができるでしょう。

あとがき

新潮社の今泉正俊さんが、「森山さんが、心とは何かを考えるに至った経緯、思考の過程を書いてみませんか」と声をかけて下さったのは、もう六年も前のことでした。私は当時、「心とは隠れた活動体である」と書籍の中で定義したばかりでした。心は、「私たちがあると認める限りにおいて、あるもの」、すなわち「認識上のもの」なのか、脳のような「確固たる実体」なのか、どちらなのかと問われることが多いです。私は、心を、「『認識上のもの』かつ『確固たる実体』」として捉えられるはずだと考え、そのような存在をこの世の中で探った結果、「隠れた活動体」を発見したのです。

この発見の過程とは、文字通り、「『認識上のもの』かつ『確固たる実体』はどこにあるのか」と探索する過程であり、加えて、「私はなぜそのような両義的存在を探索するのだろうか」と、自分の行為の動機、あるいは根拠を考える過程でもありました。心の定義を考える過程は、私の行為を考える過程と不可分だったのです。したがって、「心とは隠れた活動体である」という考えは、本来、その結論を導く私の思考様式とともに提示されるべきだったのです。

私は、幼少のころから、何かについて考えるたびに、「私の二重性――何かを考える私と、何かを考える私の根拠を考える私の混在性」を感じます。また、思考だけでなく、あらゆる行為、何かを見るとき、何かを話すとき、すなわち、私が世界へ関わろうとするときに、いつでも、行為する私と、行為する私の根拠を考える私、が生じています。ときには、私は多重性を生じます。採集したダンゴムシを観察している私は、その根拠を考える私だけでなく、割りばしで落ち葉をよけながらダンゴムシをつまんでいた感覚をありありと再現し、また、なぜか小学校のときに流行したザ・ヴィーナスの「キッスは目にして！」を口ずさんだりします。

読者のみなさんも、普段から「自分の多重性」を感じていると思います。多重の自分を放し飼いにしておくと、行動の因果関係や自他の境界が緩くなって愉快です。今、ダンゴムシを観察しているのは、実験しようと思ったからなのか、それとも朝飲んだコーヒーの香りに刺激されたからなのか判然としません。観察を終える私は、続いて飼育容器を準備しそうであり、また、オオグソクムシの水槽の水質チェックへ向かいそうでもあります。観察の最中には、私のピンセットの開閉がダンゴムシの触角運動に操られていると感じたり、背後のマダガスカルゴキブリがニンジンをシャリリと食べ始めると、「あ、私の空腹感が悟られた」と思ったりします。

このように、私は、無限の過去と未来、そして他者に、私を自由に接続し、かつ、され、無根拠に行動を選択し、かつ、させられるのです。この自由で無根拠な選択を実感するとき、私は私の、そして世界に存在する生きものやモノの心を実感するのです。それが、私と世界の関わり方であり、そして、私だけでなく、多くの人々が、実はそのように世界と関わっているのだと、私は思うのです。

森山　徹

二〇一七年秋　長野県上田にて

参考資料

『ダンゴムシに心はあるのか　新しい心の科学』森山徹、ＰＨＰ研究所、２０１１年
『オオグソクムシの謎　深海生物の「心」と「個性」に迫る！』森山徹、ＰＨＰ研究所、２０１５年
『ちからたろう』いまえよしとも（ぶん）、たしませいぞう（え）、ポプラ社、２００４年
太田屋ＴＶＣＭ、https://www.youtube.com/watch?v=MhkeP3raSII（YouTube）
『群れは意識をもつ　個の自由と集団の秩序』郡司ペギオ－幸夫、ＰＨＰ研究所、２０１３年
ジョハン・ハリ：「依存症」――間違いだらけの常識、TED TALKS、２０１５年　https://www.ted.com/talks/johann_hari_everything_you_think_you_know_about_addiction_is_wrong/transcript?language=ja
映画「マイケル・ムーアの世界侵略のススメ」マイケル・ムーア監督、２０１５年
「心という隠れた活動体。その仕組みとしてのデンサー的行動決定機構」森山徹、小粥勇作、清澤周平、右田正夫、園田耕平、齋藤帆奈、第一回共創学会年次大会発表原稿集、２０１７年
『新明解国語辞典』第七版、山田忠雄他、三省堂、２０１１年
「LIVE MONSTER」椎名林檎、日本テレビ系音楽番組、２０１４年11月９日
水曜日のカンパネラ（コムアイ）「ＮＨＫニュース　おはよう日本」２０１５年11月　https://www.youtube.com/watch?v=df9prI10kj0

坂口恭平　http://www.0yenhouse.com/house.html
Chim↑Pom.　http://chimpom.jp/
Oxford Living Dictionaries.　https://en.oxforddictionaries.com/definition/mind
Cambridge Dictionary.　http://dictionary.cambridge.org/dictionary/english/mind
Monamie Ringhofer, Shinya Yamamoto "Domestic horses send signals to humans when they face with an unsolvable task" *Animal Cognition*, 2016
『超訳　種の起源――生物はどのように進化してきたのか』チャールズ・ダーウィン（著）、夏目大（訳）、技術評論社、２０１２年
『世界の名著39』「人類の起原」チャールズ・ダーウィン（著）、池田次郎、伊谷純一郎（訳）、中央公論社、１９６７年
『パピーニの比較心理学――行動の進化と発達』Ｍ・Ｒ・パピーニ（著）、比較心理学研究会（訳）、北大路書房、２００５年
『粘菌　その驚くべき知性』中垣俊之、ＰＨＰ研究所、２０１０年
「魚類における恐怖・不安行動とその定量的観察」吉田将之、比較生理生化学、Vol. 28, No. 4, 317-325, 2011
Katsushi Kagaya, Masakazu Takahata "Sequential Synaptic Excitation and Inhibition Shape Readiness Discharge for Voluntary Behavior" *Science* Vol. 332, Issue 6027, 365-368, 2011
Toru Moriyama, Masao Migita, Kohei Sonoda, Hanna Saito "Universality of Mind" International Journal of Psychology Vol. 51, Issue S1, 259, 2016
『本能の研究』ニコラス・ティンバーゲン（著）、永野為武（訳）、三共出版、１９７５年

Irving Kupfermann "Turn alternation in the pill bug (*Armadillidium vulgare*)" *Animal Behaviour* Vol. 14, Issue 1, 68-72, 1966

R. N. Hughes "Mechanisms for turn alternation in woodlice (*Porcellio scaber*): The role of bilaterally asymmetrical leg movements" *Animal Learning & Behavior* Vol. 13, Issue 3, 253-260, 1985

Glen D. Carbines, Roger M. Dennis, Robert R. Jackson "Increased turn alternation by woodlice (*Porcellio scaber*) in response to a predatory spider, *Dysdera crocata*" *International Journal of Comparative Psychology* Vol. 5, No. 3, 138-144, 1992

Toru Moriyama, Masao Migita, Meiji Mitsuishi "Self-corrective behavior for turn alternation in pill bugs (*Armadillidium vulgare*)" *Behavioural Processes* Vol. 122, 98-103, 2016

R. N. Hughes "Effects of substrate brightness differences on isopod (*Porcellio scaber*) turning and turn alternation" *Behavioural Processes* 27, 95-100, 1992

『国語3年下』「すがたをかえる大豆」国分牧衛、光村図書、２０１４年

新潮選書

モノに心《こころ》はあるのか　動物行動学《どうぶつこうどうがく》から考《かんが》える「世界《せかい》の仕組《しく》み」

著　者……………………森山《もりやま》 徹《とおる》

発　行……………………2017年12月20日

発行者……………………佐藤隆信
発行所……………………株式会社新潮社
〒162-8711 東京都新宿区矢来町71
電話　編集部 03-3266-5411
　　　読者係 03-3266-5111
http://www.shinchosha.co.jp
印刷所……………………株式会社三秀舎
製本所……………………株式会社大進堂

ISBN978-4-10-603821-1 C0345

地震と噴火は必ず起こる
大変動列島に住むということ
巽 好幸

日本は4枚のプレートがせめぎ合い、全地球2割の地震、全火山の8%が集中する超危険地帯だ。マグマ学者がその地中の仕組みを説明し、大災害《カタストロフ》を警告する。《新潮選書》

弱者の戦略
稲垣栄洋

弱肉強食の世界で、弱者はどうやって生き延びてきたのか？　メスに化ける、他者に化ける、動かない、早死にするなど、生き物たちの驚異の戦略の数々。《新潮選書》

生命と偶有性
茂木健一郎

偶有性は必然と偶然の間に存在し、それは意識の謎につながってゆく。人類と偶有性の歴史を辿り、激動の時代を生きるヒントを示す、21世紀の生命哲学。《新潮選書》

生命の内と外
永田和宏

生物は「膜」である。閉じつつ開きながら、必要なものを摂取し、不要なものを排除している。内と外との「境界」から見えてくる、驚くべき生命の本質。《新潮選書》

卵が私になるまで
——発生の物語——
柳澤桂子

一ミリにも満たない受精卵は、どういうメカニズムで《人間のかたち》になるのだろう？　生物学の最前線が探り得た驚くべき生命現象を分かりやすく解説。《新潮選書》

炭素文明論
「元素の王者」が歴史を動かす
佐藤健太郎

農耕開始から世界大戦まで、人類の歴史は「炭素争奪」一色だった。そしてエネルギー危機の今、また新たな争奪戦が……炭素史観で描かれる文明の興亡。《新潮選書》

地球システムの崩壊　松井孝典

このままでは、人類に一〇〇年後はない！　環境破壊や人口爆発など、人類の存続を脅かす問題を地球システムの中で捉え、宇宙からの視点で文明の未来を問う。

《新潮選書》

地球の履歴書　大河内直彦

海面や海底、地層や地下、南極大陸、塩や石油などを通して、地球46億年の歴史を8つのストーリーで描く。講談社科学出版賞受賞の科学者による意欲作。

《新潮選書》

強い者は生き残れない
環境から考える新しい進化論　吉村仁

生物史を振り返ると、進化したのは必ずしも「強者」ではなかった。変動する環境の下で、生命はどのような生き残り戦略をとってきたのか、新説が解く。

《新潮選書》

人間にとって科学とは何か　村上陽一郎

地球環境、生命倫理、エネルギー問題――転換点に立ついま、私たちが科学にとって「正しいクライアント」になるために。社会と科学の新たな関係を示す。

《新潮選書》

光の場、電子の海
量子場理論への道　吉田伸夫

20世紀の天才科学者たちは、いかにして「物質とは何か」という謎を解き明かしたのか？　その難解な思考の筋道が文系人間にも理解できる画期的な一冊。

《新潮選書》

ヒトの脳にはクセがある
動物行動学的人間論　小林朋道

ヒトの脳は狩猟採集時代から進化していない。マンガ、宇宙の果て、時間の始まり、火遊び、涙、ビル街の鳥居などを通して、人間特有の「偏り」を知る。

《新潮選書》